王红军　郭云峰　郑爱军　主编

中国农业出版社
农村设物出版社
北　京

编　写　人　员

主　　编　王红军　郭云峰　郑爱军

副 主 编　徐建坡　卢东琪

参　　编（按姓氏笔画排序）

王连芬　勾贺明　邓永卓　邓国凤　李春敏

杨永安　张　鑫　张华颖　张建民　陈子学

郑宝福　哈德卿　侯海鹏　顾中华　高金权

郭淑玲　曹玉霞　谢　静　赖立松　蔺明芬

前言 FOREWORD

2020年起，天津市农业发展服务中心与天津市优质农产品开发示范中心共同承担国家市场监管总局“国家小站稻栽培标准化示范区”项目的建设工作。项目组从小站稻产地环境、优良品种、绿色栽培以及农业投入品等关键环节入手，通过健全小站稻全产业链标准体系、推广小站稻标准化技术、开展标准化培训，小站稻栽培标准化水平得到显著提高。小站稻单产稳居全国第一，稻谷品质也达到了国家优质稻谷二级以上标准。示范区建设实现了小站稻产量提高、稻谷品质提升和稻田生态环境改善的三赢效果。

2022年是国家小站稻栽培标准化示范区项目的收官之年，为了更好地总结三年来的建设经验，保证国家小站稻栽培标准化示范区取得的技术成果能够持续发挥引领示范作用，同时为小站稻标准化生产提供完整的技术资料，我们整合了示范区建设规划、系列标准及示范区建设情况等相关内容，编制成本书。由于水平有限，书中疏漏之处在所难免，敬请读者批评指正。

编　者

2022年10月

目录 CONTENTS

前言

第一章　国家小站稻栽培标准化示范区规划…………… 1

一、示范区建设背景……………………………… 1
二、示范区建设目标……………………………… 3
三、示范区建设计划……………………………… 4

第二章　天津小站稻系列地方标准及解读………… 6

一、《天津小站稻　品种》（DB12/T 908—2019）…… 6
二、《天津小站稻　基质育秧技术》
（DB12/T 886—2019）……………………… 12
三、《天津小站稻　栽培技术》
（DB12/T 887—2019）……………………… 29
四、《天津小站稻　收获、干燥、储藏、加工技术》
（DB12/T 909—2019）……………………… 39
五、《天津小站稻　精白米》
（DB12/T 971—2020）……………………… 46

六、《天津小站稻　食味品质评价》
（DB12/T 944—2020）…………………………………… 53

第三章　国家小站稻栽培标准化示范区建设情况 …… 67

一、2020 年示范区建设情况 ……………………………… 67
二、2021 年示范区建设情况 ……………………………… 74
三、2022 年示范区建设情况 ……………………………… 84

第一章　国家小站稻栽培标准化示范区规划

一、示范区建设背景

2013年和2018年，习近平总书记两次询问了天津小站稻的发展情况。特别是2018年4月12日，习近平总书记在海南国家南繁示范区考察时对天津小站稻育种者的鼓励，激发了天津广大水稻工作者的热情。在习近平总书记的关心下，在天津市委、市政府的高度重视下，天津小站稻产业振兴工作正式实施，并于2018年末出台了《天津小站稻振兴规划（2018—2022）》，规划中提出了小站稻振兴的八大行动，其中地方标准构建行动位列第一。天津市相关单位积极落实小站稻振兴规划，积极参与小站稻地方标准的制定工作，相继制定了6项有关小站稻的地方标准，涉及小站稻从品种到加工的所有环节，天津小站稻也成为全国第一个实现全产业链依标生产的粮食作物。小站稻系列标准的颁布，彰显了天津水稻的发展水平，也成为天津小站稻老产品焕发新活力的重要保证。

近年来，天津小站稻生产发生了很大变化，种植面积摆脱了长期以来徘徊不前的局面，单产和总产屡创新高。生产上出现了“三增一减”的局面。一是小站稻种植面积持续增加，特别是2018—2022年连续3年每年增加面积均超过10万亩*。二是单产显著增加，全市平均产量达到650 kg/亩，稳居全国前列。同时，高产典型层出不穷，千亩连片产量接近900 kg/亩，至今仍保持着北方稻区粳稻的超高产纪录。三是化学投入品用量增加，由于单纯追求小站稻产量造成肥料、农药等化学投入品用量增加，特别是一些所谓的农药、化肥套餐推广以来，超量使用问题更加突出。四是优质稻种植面积减少，当前优质食味稻覆盖率不足20%，在高产前提下选择优质品种仍然是广大农户的首选，即便采用了优质小站稻品种，由于后期大量施用氮肥，也使小站稻蛋白质含量普遍较高，食味品质下降。天津小站稻生产上重产量、轻质量，重种子、轻栽培，重制标、轻采标的问题突出，代表先进栽培水平的标准普及率低的问题亟待解决。

党的十九大报告指出，我国社会主要矛盾已经转化为人民日益增长的美好生活需要和不平衡不充分的发展之间的矛盾。《全国种植业结构调整规划（2016—2020年）》要求，发展传承农耕文明、有地理标志、有区域特征的特

* 亩为非法定计量单位，1亩≈667 m^2。

色农产品，是促进农业调结构、转方式、增效益的内在要求。天津小站稻是全国第一个粮食作物地理标志证明商标，是国内优质大米中的翘楚，是天津农业一张闪亮的名片。充分挖掘小站稻特色优势资源，建立天津小站稻栽培标准化示范区，大力推动小站稻从良种繁育、智能化育秧、标准化栽培、精深加工于一体的小站稻标准化产业体系，是提升天津市现代农业发展质量、促进乡村振兴的重要途径。

二、示范区建设目标

一是2.8万m^2育秧示范区执行标准和技术推广率达100%，年产30万盘基质秧苗，秧苗质量符合天津地方标准《天津小站稻 基质育秧技术》（DB12/T 886—2019）对秧苗的相关规定。

二是1万亩绿色栽培标准化示范区执行标准达100%，栽培技术参照《天津小站稻　栽培技术》（DB12/T 887—2019），平均亩产700 kg；收获、干燥、储藏、加工技术参照《天津小站稻　收获、干燥、储藏、加工技术》（DB12/T 909—2019）的规定进行；米质符合地方标准《天津小站稻　精白米》（DB12/T 971—2020）中二级相关要求。

三是10万亩辐射带动区执行标准达60%以上，栽培按《天津小站稻　栽培技术》（DB12/T 887—2019）的规定，平均亩产达到650 kg；收获、干燥、储藏、加工技术参照《天津小站稻　收获、干燥、储藏、加工技术》（DB12/T 909—2019）进行，米质符合地方标准《天津小站稻　精白米》（DB12/T 971—2020）中二级相关要求。

三、示范区建设计划

项目建设期限：2020 年 1 月至 2022 年 12 月。具体计划进度如下。

2020 年 1 月至 2020 年 12 月。建设 0.9 万 m^2 智能化标准化小站稻基质育秧示范区，育秧技术采标率达到 100％；建设 0.2 万亩小站稻栽培标准示范区，栽培示范区采标率达到 100％，辐射带动 2 万亩小站稻采用标准化技术，其中宁河 1 万亩、宝坻 0.6 万亩、津南 0.4 万亩。

2021 年 1 月至 2021 年 12 月。新建 1 万 m^2 智能化标准化小站稻基质育秧示范区，使示范区面积达到 1.9 万 m^2，育秧技术采标率达到 100％；新建 0.4 万亩小站稻栽培标准示范区，使示范区面积达到 0.6 万亩，栽培示范区采标率达到 100％，辐射带动 3 万亩小站稻采用标准化技术，其中宁河 1.5 万亩、宝坻 1 万亩、津南 0.5 万亩。

2022 年 1 月至 2022 年 12 月。新建 0.9 万 m^2 智能化标准化小站稻基质育秧示范区，使示范区面积达到 2.8 万 m^2，育秧技术采标率达到100%；新建0.4万亩小站稻栽培标准示范区，使示范区面积达到1万亩，栽培示范区采标率达到100%，辐射带动5万亩小站稻采用标准化技术，其中宁河2.2万亩、宝坻2万亩、津南0.8万亩；整理技术资料，组织考核验收。

第二章　天津小站稻系列地方标准及解读

一、《天津小站稻　品种》(DB12/T 908—2019)

【标准原文】

1　范围

本标准规定了天津小站稻的品种要求。

本标准适用于天津小站稻种植品种。

【内容解读】

《天津小站稻　品种》（DB12/T 908—2019）首先定义了天津小站稻品种，必须在天津市范围内合法种植，这样就保证了小站稻品种安全成熟，且能够抗天津市范围内的主要病害。

【标准原文】

2　规范性引用文件

下列文件对于本文件的应用是必不可少的。凡是注日期的引用文件，仅注日期的版本适用于本文件。凡是不注日期的引用文件，其最新版本（包括所有的修改单）适用于本文件。

GB/T 15682—2008　粮油检验　稻谷、大米蒸煮食用品质感官评价方法

NY/T 593—2013　食用稻品种品质

3　术语和定义

下列术语和定义适用于本标准。

3.1

天津小站稻品种　varieties of Tianjin－Xiaozhan rice

通过审定，允许在天津地区种植，外观和食味品质达到 NY/T 593—2013 中粳稻品种标准优质二等及以上的粳稻品种。

4　要求

4.1　抗病性

稻瘟病综合抗性指数≤5，穗瘟损失率最高级≤5 级，条纹叶枯病抗性最高级≤5 级。

【内容解读】

水稻品种的抗病性方面，天津市主要病害为稻瘟病，最有效的防治方法是使用抗病品种。2000 年以后，水稻条纹叶枯病发生逐年加重，严重地块绝收，给生产造成毁

灭性的损失，随着系列抗条纹叶枯病水稻新品种的育成，以及及时大面积推广，为农民挽回了巨大损失。因此，为达到品种和种植安全，必须对稻瘟病、条纹叶枯病中感以上的品种进行鉴定，特表述为稻瘟病综合抗性指数≤5，穗瘟损失率最高级≤5级；条纹叶枯病抗性最高级≤5级。

【标准原文】

4.2 生育期

春稻品种生育期应在165 d～175 d，麦茬稻生育期应在155 d以下。

【内容解读】

天津市处于黄淮稻区和东北稻区之间，是一季春稻南界和麦茬稻的北界，天津市育成的水稻品种北上可推广到东北稻区，南下可推广到黄淮稻区，辐射4 000多万亩的粳稻种植面积。对审定通过品种的生育期分析发现，春稻生育期集中在170 d左右，年度之间由于气候变化，上下浮动5 d，生育期确定为165 d～175 d。麦茬稻生育期应在155 d以下。

【标准原文】

4.3 结实率

品种年度平均结实率≥90%。

【内容解读】

结实率方面，一般品种安全成熟结实率≥85%，因为对小站稻的要求略高于一般品种，设定结实率≥90%。

【标准原文】

4.4　理化指标

食用稻品种品质指标参照 NY/T 593—2013 中粳稻标准 2 级［整精米率≥66%、垩白度≤3.0、直链淀粉（干基）13.0%～19.0%、透明度≤2 级］及以上。蛋白质（干基）≤8%。

【内容解读】

稻米品质是个综合性状，不同用途有不同的评价标准，稻米品质的优劣取决于品种的遗传特性与环境条件影响的综合作用结果。《天津小站稻　品种》（DB12/T 908—2019）主要从外观品质（理化指标）、蒸煮食用品质进行分析判定，要求小站稻既好看又好吃。

外观品质（理化指标）是决定小站稻商品性的主要指标，主要依据 2013 年农业部颁布的食用稻品种品质标准 NY/T 593—2013。在标准中以稻米整精米率、垩白度、透明度、直链淀粉含量 4 项主要指标作为优质稻的评价指标，通过分析，2009—2018 年审定的 19 个品种水稻品种中，品质达到 2 级及以上的品种为 6 个，占比为 31.6%。依据小站稻满足高端稻米市场需要的定位，建议确定为粳稻品种品质达到优质 2 级［整精米率≥66%、垩白度≤3.0、直链淀粉（干基）13.0%～19.0%、透明度≤2 级］

及以上。

【标准原文】

4.5 蒸煮食用感官品质

应按照GB/T 15682—2008的评分方法二，鉴评专家对鉴评品种米饭的光泽度、气味、柔软性、适口性、滋味、冷饭质地等进行综合评价，在米饭食味品尝评分表内相应栏划“○”。以天津市优质稻主栽品种米饭为对照。

结果统计计算，根据鉴评专家打分结果，计算鉴评品种食味值，食味值平均值应不低于优质稻主栽品种。

【内容解读】

研究表明，蛋白质含量过高，将降低稻米口感，通过品质分析检测水稻中蛋白质含量发现，现生产和育种者提供口感较好的品种（品系）中，蛋白质含量集中在8%以下，为了满足对小站稻品种口感需求，《天津小站稻　品种》（DB12/T 908—2009）中把蛋白质含量确定为≤8%。

蒸煮食用品质是决定小站稻品种口味的依据，通过对小站稻品种加工后米饭的光泽度、气味、柔软性、适口性、滋味、冷饭质地进行品尝评分。在米饭样品制备过程中，所有样品保持处理一致，如电饭锅、加水量、浸泡时间等。选择不同年龄、性别、职业等的评委组成品尝鉴评小组，进行现场品尝打分，统计结果，根据鉴评小组打分结果，计算鉴评品种食味值。鉴评小组打分得出的平均食味值应不低于优质稻主栽品种，达到“米质晶莹透亮，洁白有光泽，蒸煮时有香味，软而不黏，冷后不硬，清香适口”。

品尝鉴评小组依据表2-1将打分结果填在表2-2中。

表2-1　米饭感官评价内容与描述

评价内容		描　述
气味	特有香气	香气浓郁，香气清淡，无香气
	有异味	陈米味和不愉快味
外观结构	颜色	颜色正常：米饭洁白；颜色不正常：发黄、发灰
	光泽	表面对光反射的程度：有光泽，无光泽
	完整性	保持整体的程度：结构紧密，部分结构紧密，部分饭粒爆花
适口性	黏性	黏附牙齿的程度：滑爽，黏性，有无黏牙
	软硬度	臼齿对米饭的压力：软硬适中，偏硬或偏软
	弹性	有嚼劲；无嚼劲；疏松；干燥、有渣
滋味	纯正性 持久性	咀嚼时的滋味：甜味、香味以及味道的纯正性、浓淡和持久性
冷饭质地	成团性 黏弹性 硬度	冷却后米饭的口感：黏弹性和回生性（成团性、硬度等）

表 2-2　米饭食味品尝评分表

<table>
<tr><td colspan="2">检验地点</td><td colspan="2"></td><td colspan="2">品种名称</td><td></td><td>优质稻主栽品种名称</td><td></td></tr>
<tr><td colspan="2">分　级</td><td>得分</td><td>光泽度</td><td>气味</td><td>柔软性</td><td>适口性</td><td>滋味</td><td>冷饭质地</td></tr>
<tr><td rowspan="7">与优质稻主栽品种相比</td><td>好得多</td><td>3</td><td></td><td></td><td></td><td></td><td></td><td></td></tr>
<tr><td>好</td><td>2</td><td></td><td></td><td></td><td></td><td></td><td></td></tr>
<tr><td>稍好</td><td>1</td><td></td><td></td><td></td><td></td><td></td><td></td></tr>
<tr><td>相同</td><td>0</td><td></td><td></td><td></td><td></td><td></td><td></td></tr>
<tr><td>稍差</td><td>−1</td><td></td><td></td><td></td><td></td><td></td><td></td></tr>
<tr><td>差</td><td>−2</td><td></td><td></td><td></td><td></td><td></td><td></td></tr>
<tr><td>差得多</td><td>−3</td><td></td><td></td><td></td><td></td><td></td><td></td></tr>
<tr><td colspan="2">备注</td><td colspan="7">在相应的等级中划“○”</td></tr>
</table>

二、《天津小站稻　基质育秧技术》(DB12/T 886—2019)

【标准原文】

1　范围

本标准规定了水稻基质育秧技术的术语和定义、技术要求、育秧技术及秧田管理技术。

本标准适用于春稻的水稻基质育秧技术。

【内容解读】

针对土育秧存在取土难、操作繁、盘根差、病害重、机插不配套等突出问题，天津市引进水稻育秧基质，经过技术熟化落地，推动水稻经营方式的变革，培育了一批专业化的规模育秧主体，全市商品秧覆盖率达到42.3%，本标准对适用于天津市的水稻基质育秧标准化技术进行了规范。

【标准原文】

2　规范性引用文件

下列文件对于本文件的应用是必不可少的。凡是注日期的引用文件，仅所注日期的版本适用于本文件。凡是不注日期的引用文件，其最新版本（包括所有的修改单）适用于本文件。

GB 4404.1—2008　粮食作物种子　第1部分：禾谷类

GB/T 8321（所有部分）　农药合理使用准则

NY/T 496—2010　肥料合理使用准则　通则

NY/T 847—2004　水稻产地环境技术条件

3　术语和定义

下列术语和定义适用于本标准。

3.1

水稻育秧基质　rice seedling raising substrate

利用作物秸秆等可再生性植物资源，根据水稻的营养生理特性和壮秧机理，经多重生化处理，再添加黏结剂、保水剂和肥料后人工合成的全营养水稻育秧专用基质。

【内容解读】

水稻育秧基质是利用作物秸秆等可再生性植物资源，根据水稻的营养生理特性和壮秧机理，经多重生化处理，再添加黏结剂、保水剂和缓释肥料后人工合成的全营养水稻育秧专用基质。它把烦琐的育秧技术变得简单易行，实现了水稻育秧技术的“傻瓜化”。

水稻基质育秧是天津市转变农业发展方式、促进农业规模化经营的新手段；是有效控制土壤表土流失、保护耕地资源的新途径；是大幅减少农药用量、保障农业生产安全的新措施；是从根本上解决秸秆焚烧、保护生态环境的新突破。

“水稻基质育秧技术示范推广”项目实施的基本原则为：坚持服务小农户，坚持推进服务带动型规模经营，坚持服务种养农产品，坚持以市场为主导。以政府物化补贴的方式，加大水稻基质育秧技术的示范推广进度，推进天津市水稻生产的生产社会化服务进程，助力小站稻振兴。

【标准原文】

4　要求

4.1　环境

育秧环境符合 NY/T 847—2004 的要求。

【内容解读】

育秧环境应符合表 2-3 的要求。

表 2-3　育秧环境要求

环境	项目	指标
空气	二氧化硫［（标准状态）生长季平均］，mg/m^3	≤0.05
	二氧化硫［（标准状态）日平均］，mg/m^3	≤0.15
	二氧化硫［（标准状态）1 h 平均］，mg/m^3	≤0.50
	二氧化氮［（标准状态）日平均］，mg/m^3	≤0.08
	二氧化氮［（标准状态）1 h 平均］，mg/m^3	≤0.12
	总悬浮颗粒物［（标准状态）日平均］，mg/m^3	≤0.30
	臭氧［（标准状态）1 h 平均］，mg/m^3	≤0.16
	氟化物（日平均，挂膜法），μg/（dm^2·d）	≤1.8
	氟化物［（标准状态）日平均，动力法］，μg/m^3	≤7.0
	氟化物［（标准状态）1 h 平均，动力法］，μg/m^3	≤20
灌溉水	pH	5.5～8.5
	化学需氧量（COD_{Cr}），mg/L	≤200
	氯化物，mg/L	≤250
	硫化物，mg/L	≤1.0

（续）

环 境	项 目	指 标
灌溉水	总汞，mg/L	≤0.001
	总镉，mg/L	≤0.005
	总砷，mg/L	≤0.05
	铬（六价），mg/L	≤0.1
	总铅，mg/L	≤0.1
	氟化物，mg/L	≤2.0
	氰化物，mg/L	≤0.5
	石油类，mg/L	≤5.0
土壤	总镉，mg/L	≤0.60
	总汞，mg/L	≤1.0
	总砷，mg/L	≤20
	总铜，mg/L	≤100
	总铅，mg/L	≤350
	总铬，mg/L	≤350
	总锌，mg/L	≤300
	总镍，mg/L	≤60

【标准原文】

4.2 基质

选用材料组成成分可循环再生利用、质量合格的全营养水稻育秧基质。理化指标：有机质含量≥30%，总养分含量（$N+P_2O_5+K_2O$）≥3%，相对含水量≤45%，电导率为 2 mS/cm～4 mS/cm，容重为 0.3 g/cm^3～0.5 g/

cm^3，pH 为 5.8～6.8。

【内容解读】

合格的水稻育秧基质应具备水稻苗期生长所需的全部营养，有机质含量不能低于 30%，总养分含量（$N+P_2O_5+K_2O$）不能低于 3%，否则会造成秧苗素质差，并增加秧田期肥料成本。

相对含水量过高易造成基质结块，难以与自动播种机配套使用，需要配置过滤网，并人工进行结块破碎，且过高相对含水量将增加基质重量，进一步增加播种过程中的人力成本，因此，相对含水量不能高于 45%。

电导率（EC 值）表示基质内可溶性盐的总浓度，通过影响细胞渗透压，进而影响秧苗生长，育秧基质的电导率应为 2 mS/cm～4 mS/cm。高电导率会对秧苗根系及叶片造成永久性伤害，造成秧苗品质下降，严重的甚至会导致秧苗死亡。

容重反映了基质的疏松、紧实程度和持水、透气能力。容重过大，则基质过于紧实，持水性好，但通气性差；容重过小，则基质过于蓬松，虽然通气性好，有利于根系延伸生长，但持水性差，固定植株的效果较差，浇水时根系易漂浮，因此容重在 0.3 g/cm^3～0.5 g/cm^3 较科学合理。

【标准原文】

4.3 种子

符合 GB 4404.1—2008 的要求。

【内容解读】

种子应符合表 2-4 的要求。

表 2-4 种子质量要求（%）

种子类别		纯度	净度	发芽率	含水量
常规种	原种	≥99.9	≥98.0	≥85	≤14.5
	大田用种	≥99.0	≥98.0	≥85	≤14.5
不育系、恢复系、保持系	原种	≥99.9	≥98.0	≥80	≤13.0
	大田用种	≥99.5	≥98.0	≥80	≤13.0
杂交种	大田用种	≥96.0	≥98.0	≥80	≤14.5

【标准原文】

4.4 秧盘

选用平盘，规格为 28 cm×58 cm×2.5 cm。

软盘：每亩本田用 22 个～25 个。硬盘：每亩本田用 20 个～22 个。

旧秧盘用 30%噁·甲水剂 1 000 倍液浸泡 10 min 消毒后使用。

【内容解读】

育秧使用的秧盘高度必须高于 2.5 cm，秧盘内可承装的育秧基质低于 2.5 cm 的情况下，提供的养分不足以育出健壮秧苗。

旧秧盘用 30%噁·甲水剂 1 000 倍液浸泡 10 min，杀灭旧秧盘上残留的立枯病病菌，消毒后使用。

【标准原文】

4.5　农药

种子处理使用农药符合 GB/T 8321 的要求。

【内容解读】

防治农作物病虫草害时，应切实贯彻执行“预防为主，综合防治”的方针，积极采用各种有效的非化学防治手段；使用化学农药时，各地要因地制宜，灵活掌握，但不得超过 GB/T 8321 规定的施药量（浓度）和最多使用次数；提倡不同类型的农药交替使用。

使用农药时要做好防护，施药后要及时彻底清洗，并注意避免污染水源和环境。

【标准原文】

4.6　肥料

使用的肥料符合 NY/T 496—2010 的要求。

5　育秧技术

5.1　秧田选择

选择地势平坦、排灌方便的地块。

【内容解读】

具备完善排灌条件的地块，能保证浇水、排水及时，有利于秧苗生长；地势高、渗透性好的地块有利于及时排出秧田积水，能保证秧苗根部活性；平坦地块能保证排灌均衡，避免高处浇不到或水分流失过快、低处积水的情况；田间路顺畅的地块便于摆放、运输秧盘；上茬为旱田的地块土传病害轻，有利于提高育秧安全性。

【标准原文】

5.2　做苗床

每亩本田需准备秧田 4 m^2。床面平整后压实。

拱棚育秧按盘的摆置方法确定秧床宽度，秧床四周开排水沟，床面与排水沟底高度差为 10 cm 以上。

【内容解读】

苗床不平整易造成灌溉不均匀，高处秧盘内水分流失快，低处秧盘内水分淤积，压实后可避免秧盘摆放过程中人工操作引起的床面塌陷等问题。同时，排水沟深度小于 10 cm 不利于床面排水，影响秧苗根系发育。

【标准原文】

5.3　基质用量

每亩本田用量为 100 L～125 L。

【内容解读】

基质产品在播前应保持松散状态，应以体积作为计量单位，一般每袋基质容量为 50 L，每亩本田育秧需要使用 2 袋～2.5 袋基质。

【标准原文】

5.4　种子处理

5.4.1　晒种

晴天晒种 1 d～2 d。

【内容解读】

晒种充分有利于增加酶的活性，促进种子萌发，并便于杀灭部分病菌。

【标准原文】

5.4.2　浸种

每 50 kg 种子，用 16%咪鲜胺·杀螟丹可湿性粉剂 100 g 和 25%氰烯菌酯悬浮剂 20 mL 兑水 100 L，浸种 5 d～7 d。

【内容解读】

每 50 kg 种子，用 16%咪鲜胺·杀螟丹可湿性粉剂 100 g 和 25%氰烯菌酯悬浮剂 20 mL 兑水 100 L，浸种 5 d～7 d，用于防治稻瘟病、恶苗病及干尖线虫病。

【标准原文】

5.4.3 拌种

浸好的稻种捞出控净，每 50 kg 稻种用 25%甲霜灵可湿性粉剂 150 g 拌种，堆闷 12 h～24 h。

【内容解读】

浸好的稻种捞出控净，每 50 kg 稻种用 25%甲霜灵可湿性粉剂 150 g 拌种，堆闷 12 h～24 h，用于防治水稻立枯病。

【标准原文】

5.5 播种

5.5.1 播期

4 月 8 日—15 日。

【内容解读】

基质育秧成秧天数为 30 d～35 d，早于 4 月 8 日播种，成秧期恰逢 5 月初天津市常发大风天气，易造成难以插秧，晚于 4 月 15 日插秧，则在 5 月下旬成秧，易造成水稻生育期缩短，不利于水稻高质高效生产。

【标准原文】

5.5.2 装盘

将松散的基质装入秧盘、刮平，基质厚度 2 cm。

【内容解读】

基质具备水稻苗期所需的全部营养，使用时只需将基质抄拌使其蓬松，不能结块装盘，也不用向基质中添加土壤和肥料。铺设的基质厚度若低于 2 cm，则养分含量难以满足秧苗成秧所需。

【标准原文】

5.5.3　播量

每个秧盘播种量（以干种子重量计）=(千粒重/25 g)×100 g。

【内容解读】

试验验证：《江苏三地机插稻育秧床土的基础肥力及其培肥与秧苗素质》等文献中，均认为播量过大会在很大程度上降低秧苗素质，而《水稻盘育带土小苗机插秧田播种量研究》等研究表明，虽然降低播量有助于培育健壮秧苗，但播量越小，根系盘结力越小，秧块不能很好成形，达不到机插秧要求，因此，确定适宜的播量，对规范天津市基质育秧技术至关重要。

根据表 2－5 可以看出，干种子播量为 80 g/盘和 100 g/盘的处理根冠比最大，根系发达，秧苗健壮。综合考虑插秧后本田秧苗密度，选择 100 g/盘的播量，该播量更有利于建立合理的起点群体结构，便于配套机插，有效缩短缓秧期，为水稻高产奠定基础。

表 2-5　不同播量的秧苗素质调查表

播量	株高（cm）	根长（cm）	地上部干重（g）	根干重（g）	根数	根冠比
80 g/盘	13.54	4.28	1.35	0.28	12.13	0.21
100 g/盘	12.83	4.2	1.15	0.24	11.44	0.21
120 g/盘	11.09	3.73	0.87	0.16	9.69	0.18

注：供试品种为津原 45（千粒重 25 g）。

以千粒重为 25 g 的津原 45 开展试验，为保证实际操作中播种密度（单位面积内的种子数量）与试验结果一致，应使用公式：每个秧盘播种量（以干种子重量计）＝（千粒重/25 g）×100 g 进行换算。

【标准原文】

5.5.4　浇水

浇透基质，以水不流出盘底孔为原则。

【内容解读】

底水浇透，出苗前无须浇水。如果出苗前基质表面干燥时，应及时补水。

【标准原文】

5.5.5　覆盖基质

厚度 0.5 cm。

5.5.6　铺覆盖物

5.5.6.1　拱棚

在竹拱上覆盖无纺布（≥35 g/m²），在摆好的秧盘上覆盖塑料薄膜（≥0.01 mm）。

5.5.6.2　冷棚、温室

在摆好的秧盘上覆盖一层无纺布（≥35 g/m²）。

【内容解读】

试验验证：无纺布因为添加原料和加工工艺不同而有多种规格。无纺布能否作为育秧覆盖材料，主要取决于其育秧效果和投入成本。育秧效果取决于无纺布的保温性和透光性，投入成本取决于无纺布的价格和耐用性，这两点均与无纺布厚度直接相关（耐用性还与原料构成有关）。厚度与价格、耐用性呈正相关，而与透光性、透气性、透水性呈负相关。按照水稻育秧培育壮秧和节省成本的双重要求，进行了覆盖不同厚度无纺布育秧研究，以便确定既能满足水稻育秧需要、性价比又相对合理的无纺布品种（表 2－6）。

可以看出，覆盖不同厚度无纺布的秧苗根长、充实度均高于覆盖塑料薄膜的秧苗，并以覆盖 35 g/m² 无纺布的秧苗的根长、充实度高于其他规格无纺布秧苗的根长、充实度。塑料薄膜育秧在相同秧龄时，株高明显较无纺布秧苗高，而秧苗充实度降低，未达到壮秧标准。

表2-6 不同厚度无纺布育苗的秧苗素质调查

不同覆盖材料	秧龄(d)	叶龄(片)	苗高(cm)	每20株地上鲜重(g)	每20株地下鲜重(g)	每20株地上干重(g)	每20株地下干重(g)	根长(cm)	充实度(g/cm)
25 g/m² 无纺布	35	3.13	11.44	2.31	1.47	0.59	0.15	5.88	0.043 89
	40	3.66	13.34	3.26	1.70	0.67	0.20	7.29	0.043 67
35 g/m² 无纺布	35	3.40	11.27	3.04	1.62	0.72	0.25	6.15	0.054 25
	40	3.52	14.11	4.02	1.73	0.81	0.29	7.04	0.047 34
40 g/m² 无纺布	35	3.19	13.19	3.63	1.63	0.78	0.22	7.27	0.045 37
	40	3.37	16.14	4.14	2.23	0.81	0.24	7.35	0.042 36
普通塑料薄膜	35	3.03	15.06	2.17	1.77	0.64	0.15	6.03	0.042 28
	40	3.76	18.60	3.15	1.97	0.76	0.22	6.20	0.039 00

【标准原文】

6 秧田管理

6.1 揭覆盖物

6.1.1 拱棚

秧苗立锥到一叶一心期，揭掉覆盖塑料薄膜。

插秧前3 d～5 d，揭去无纺布。

【内容解读】

秧苗立锥到一叶一心期，即可揭掉塑料薄膜，保持自然通风状态。撤下的塑料薄膜，不要立刻收起，可放于秧田旁边，遇低温大风天气，可重新覆盖。栽秧前3 d～5 d

选无风天气下午撤掉无纺布。

【标准原文】

6.1.2　冷棚、温室

秧苗立锥到一叶一心期，揭掉无纺布。

6.2　温度管理

6.2.1　棚室温度

播种到一叶一心期，棚室内夜间最低温度≥10 ℃，最适温度为 28 ℃，最高温度≤30 ℃。

一叶一心到二叶一心期，棚室内夜间最低温度≥12 ℃，最适温度为 25 ℃，最高温度≤32 ℃。

二叶一心到三叶期，棚室内夜间最低温度≥15 ℃，最适温度为 23 ℃，最高温度≤35 ℃。

6.2.2　降温措施

盘内基质田间持水量≥70%，通风降温；盘内基质田间持水量<70%，喷淋或浇水降温。

6.3　水分管理

底水浇足浇透，出苗前基质表面干燥时，及时补水。

秧苗一叶一心期以后，1 d～2 d 浇一次水，整个苗期均保持盘内基质田间持水量≥70%。

移栽前 1 d～2 d 浇一次水。

【内容解读】

如果出苗前基质表面干燥，应及时补水。没有喷灌条件的，要小水浇透。出苗后适当控制水分。整个苗期均应保持基质湿润，如果早晨发现植株叶尖不吐水珠，中午叶片打卷或基质表层发干，应及时补水，整个苗期均应保持基质湿润。

【标准原文】

6.4 光照管理

出苗前遮光，出苗后多见光。

【内容解读】

出苗前，尽量遮光以防高温烧苗，温室可采用加盖遮阳网等方式减少光照度。出苗后在不影响温度的情况下，尽可能让秧苗多见光。基质育秧控制幼苗徒长的关键是低温、强光、适度水分。

【标准原文】

6.5 病害防治

秧苗一叶一心期，喷施30%的噁·甲水剂1 500倍液。

【内容解读】

秧苗一叶一心期，喷施30%的噁·甲水剂1 500倍液，用于防治立枯病。

【标准原文】

6.6 施肥

秧苗二叶一心期，叶色变淡，每亩追施硫酸铵15 kg。

6.7　起苗移栽

秧苗三叶一心期，盘根紧实，株高达到 13 cm～15 cm 起秧。

【内容解读】

秧苗达 3.5 左右叶龄时可起秧，取苗时可直接把秧苗卷起。移栽前一天浇一次水。

三、《天津小站稻　栽培技术》(DB12/T 887—2019)

【标准原文】

1　范围

本标准规定了天津小站稻产地环境、品种、栽培及收获的技术要求。

本标准适用于天津市地域内的一季春稻生产。

【内容解读】

本标准规定了天津小站稻的产地环境选择、品种选择、肥料施用、农药施用等技术要求，为科学规范小站稻产地提供了基础规则。

本标准规定了天津小站稻插秧、施肥、灌溉、病虫害防治及收获技术要求，为小站稻科学栽培提供了技术保障。

【标准原文】

2 规范性引用文件

下列文件对于本文件的应用是必不可少的。凡是注日期的引用文件，仅所注日期的版本适用于本文件。凡是不注日期的引用文件，其最新版本（包括所有的修改单）适用于本文件。

GB 4404.1—2008 粮食作物种子 第1部分：禾谷类

GB/T 8321（所有部分） 农药合理使用准则

NY/T 496—2010 肥料合理使用准则 通则

NY/T 847—2004 水稻产地环境技术条件

3 要求

3.1 产地环境

水稻产地选择、产地环境空气质量要求、产地灌溉水质量要求、产地土壤环境质量要求符合NY/T 847—2004的要求。

【内容解读】

与DB12/T 886—2019要求一致。

【标准原文】

3.2 品种

选择经过国家农作物品种审定（适宜区域包括天津）、

天津市农作物品种审定、天津市引种备案的优质、抗逆性强的水稻品种。

种子质量符合 GB 4404.1—2008 的要求。

【内容解读】

如果种植的品种为常规种，选用的种子要求纯度≥99.9%、净度≥98.0%、发芽率≥85%、水分≤14.5%；若种植杂交种，则其种子要求纯度≥99.0%、净度≥98.0%、发芽率≥85%、水分≤14.5%。

【标准原文】

3.3 肥料

使用的肥料符合 NY/T 496—2010 的要求。

3.4 农药

使用的农药符合 GB/T 8321.1～10 的要求。

4 栽培技术

4.1 插秧

4.1.1 插秧期

5 月 10 日—25 日。

【内容解读】

为确定适宜的插秧期，开展插秧期试验，设置 5 个处理，插秧期分别为 5 月 5 日、5 月 10 日、5 月 15 日、5 月 20 日、5 月 30 日，除插秧期外，其他田间管理一致

（表 2－7）。

表 2－7　插秧期产量的影响

插秧期（月/日）	始穗期（月/日）	产量（kg/亩）
5/5	8/15	564
5/10	8/16	627
5/15	8/16	648
5/20	8/17	625
5/25	8/19	619
5/30	8/22	588

从上表可以看出，5 月 15 日左右插秧，产量最高，在 5 月 25 日以后插秧产量下降明显，因此，为获得较高的产量，适宜的插秧期为 5 月 10 日—25 日。

【标准原文】

4.1.2　栽插密度

根据品种特性，行株距为：30 cm×（16～20）cm，每穴插4 苗～6 苗。

4.2　施肥

4.2.1　施肥量

每亩施优质有机肥 1 m^3～1.5 m^3。除有机肥外，每亩施肥总量控制在纯氮（N）17 kg～19 kg、磷（P_2O_5）3 kg～6 kg、钾（K_2O）3 kg 以内。

4.2.2　施肥方法

耕地前泡田后结合整地，底肥每亩施水稻缓释肥

40 kg（总含量≥45%）。插秧后 10 d～15 d 每亩追施尿素 5 kg～7.5 kg；第一次追肥后 15 d 根据品种和苗情每亩再追施尿素 5 kg～7.5 kg；7 月 20 日前每亩追施尿素 5 kg。

【内容解读】

肥料是水稻高产的第一大主要因素，在肥料施用上氮肥施用技术尤为关键。为确定适宜的施肥量，开展了水稻氮肥最佳追肥次数研究。以底施水稻控释肥 40 kg（26－13－13）、不追氮肥为对照；处理为在此底肥基础上分别追施氮肥 2～4 次（分蘖肥 12.5 kg＋穗肥 7.5 kg、促蘖肥 11.5 kg＋保蘖肥5 kg＋穗肥 3.5 kg、促蘖肥 11 kg＋保蘖肥 5 kg＋穗肥 2.5 kg＋粒肥 1.5 kg），追肥总量为 20 kg（表 2－8）。

表 2－8　水稻氮肥施用次数试验结果

追肥模式	亩穗数（穗/亩）	穗粒数（粒/穗）	千粒重（g）	产量（kg/亩）	增产幅度（%）
2	21.8	126	26.3	614	36.7
3	22.0	131	26.8	656	46.0
4	22.2	128	25.6	617	37.4
0	19.6	110	24.5	449	

注：水稻品种为武津粳 1 号。

可以看出，水稻追肥具有显著的增产效果，增产幅度均达到 35%以上，其中追肥 3 次增产幅度达到 46%。追肥 2 次和 4 次的产量差异不显著，追肥 4 次群体较大，现场测量株高平均增加 8.6 cm，成熟期贪青，千粒重有所降低，比追肥 2 次的降低 0.7 g，比追肥 3 次的降低 1.2 g；追肥 2 次产量构成 3 个因素与追肥 3 次相比都偏低，增产幅度低近 10%。在水稻生产上综合考虑种植规模、灌溉水源、人工成本等问题，采用追肥 3 次作为高产追肥模式。

在确定 3 次追肥效果最好的前提下，对追肥数量也进行了研究，采用大区对比，每亩追肥 15 kg、20 kg、25 kg，为考察当前主推品种对氮肥的准确需求，试验选用了津育粳 18、津原 89 和津原 E28 这 3 个目前主推的品种（表 2-9）。

表 2-9 不同追肥数量与水稻产量

水稻品种	追肥数量（kg/亩）	亩穗数（穗/亩）	穗粒数（粒/穗）	千粒重（g）	产量（kg/亩）	排位
津育粳 18	15	20.2	125	26.1	560	3
	20	21.5	132	26.5	639	2
	25	22.1	131	26.8	680	1
津原 89	15	17.5	163	30.1	738	3
	20	18.5	160	30.5	768	1
	25	18.6	155	30.8	755	2
津原 E28	15	19.3	126	30.2	624	1
	20	20.1	118	30.3	611	2
	25	20.3	111	30.3	581	3

通过不同品种相同施肥量试验看出，每个品种对追肥需求不同，津原 E28 每亩追肥 15 kg 产量最高，达到 624 kg，追肥 20 kg 以上虽然亩穗数增加较明显，但穗粒数减少同样明显，尽管千粒重略有增加，但产量不增反降。

津原 89 在每亩追肥 20 kg 时产量达到最高的 768 kg，但与追肥 25 kg 相比增产效果不明显，综合考虑成本则种植津原 89 可选择每亩追肥 20 kg。

津育粳 18 在每亩追肥 25 kg 时产量达到最高的 680 kg，且相对于每亩追肥 20 kg 及 15 kg，产量增加明显，因此种植津育粳 18 可考虑适当增加追肥数量，提高产量。

通过试验也反映出种植水稻品种不仅需要良种良法配套，更需要一种一法配套，才能最大限度地发挥品种的增产潜力。在大面积生产上，在每亩底施 40 kg 水稻专用控释肥基础上，追肥 20 kg 左右即可。

【标准原文】

4.3　灌溉

缓苗期水层深度为 3 cm～5 cm；分蘖期水层深度为 10 cm～15 cm；总茎数达到有效穗数的 80%时，落干晾田 7 d 左右控制无效分蘖；穗分化期至抽穗期水层深度 10 cm；灌浆期到成熟期间歇灌溉，每 3 d～4 d 浇 1 次水，收获前10 d停水。

4.4 病虫草害综合防治

4.4.1 稻瘟病

在水稻破口前3 d～5 d（8月10日前后）每亩用20%三环唑可湿性粉剂100 g或40%稻瘟灵乳油100 mL兑水喷雾；齐穗期（8月20日前后）每亩用1 000亿芽孢/g枯草芽孢杆菌可湿性粉剂20 g兑水喷雾。

4.4.2 稻曲病、纹枯病、胡麻叶斑病

7月中下旬每亩用40%井冈·蜡芽菌粉剂40 g兑水喷雾；在水稻破口前5 d～7 d（8月10日前后）和齐穗期（8月20日前后）每亩用30%苯醚甲环唑·丙环唑乳油20 mL兑水各喷雾1次。

4.4.3 条纹叶枯病

选用抗病品种。

4.4.4 二化螟

采用性诱剂、生物农药及化学农药相结合的防治技术。

4.4.4.1 性诱剂防治

4月底至5月初，将安装二化螟性诱剂诱芯的诱捕器安插于田埂及地头，每亩放置1个；水稻拔节期（7月初）更换性诱剂诱芯。

4.4.4.2 生物农药防治

水稻分蘖期（6月15日前后）每亩喷施8 000IU/mL

苏云金杆菌悬浮剂 300 mL。

4.4.4.3 化学农药防治

水稻破口前（8 月上旬）每亩用 20%氯虫苯甲酰胺悬浮剂 10 mL 兑水喷施。

【内容解读】

4 月底至 5 月初，将安装二化螟性诱剂诱芯的诱捕器安插于田埂及地头，每亩放置 1 个，诱杀越冬代成虫；水稻拔节期（7 月初）更换性诱剂诱芯，诱杀一代二化螟成虫。

水稻分蘖期（6 月 15 日前后）每亩喷施 8 000 IU/mL 苏云金杆菌悬浮剂 300 mL，防治一代二化螟幼虫。

水稻破口前（8 月上旬）每亩用 20%氯虫苯甲酰胺悬浮剂 10 mL 兑水喷施，防治二代二化螟幼虫。

【标准原文】

4.4.5 稻水象甲

耙地至插秧前，每亩用 10%醚菊酯悬浮剂 40 mL～50 mL 兑水在秧田和本田沟埝、田埂喷雾。

【内容解读】

秧田和本田沟埝、田埂在耙地至插秧前，每亩用 10%醚菊酯悬浮剂 40 mL～50 mL 兑水喷雾，防治越冬代成虫。

【标准原文】

4.4.6 稻飞虱

百穴虫量800～1 200头时，每亩用25%吡蚜酮可湿性粉剂30 g兑水喷雾。

4.4.7 杂草防治

耙地后5 d内，每亩用60%丁草胺乳油150 mL＋30%苄嘧磺隆可湿性粉剂30 g，间隔20 d再施用30%苄嘧磺隆可湿性粉剂30 g。

5 收获

水稻成熟后，10月25日前，稻谷含水量≤15%进行收获；具备烘干条件的，可于15%＜稻谷含水量≤20%收获。

【内容解读】

由于稻谷含水量低于14%才有利于稻谷的安全储藏，同时，水稻的国家安全储藏含水量标准为14.5%，因此，稻谷含水量在15%以下收获才能在收储前达到水稻安全储藏含水量。若收获时稻谷含水量过高易引起霉变或发芽。具备烘干条件的稻谷收获适宜期更长，若含水量为15%～20%，收获后烘干至14.5%左右即可。

四、《天津小站稻　收获、干燥、储藏、加工技术》(DB12/T 909—2019)

【标准原文】

1　范围

本标准规定了天津小站稻收获、干燥、储藏、加工等方面的技术要求。

本标准适用于以小站稻稻谷为原料，经机械加工而成的糙米和精米。

2　规范性引用文件

下列文件对于本文件的应用是必不可少的。凡是注日期的引用文件，仅注日期的版本适用于本文件。凡是不注日期的引用文件，其最新版本（包括所有的修改单）适用于本文件。

GB/T 1354—2018　大米

GB/T 21015—2007　稻谷干燥技术规范

GB/T 26630—2011　大米加工企业良好操作规范

NY/T 5190　无公害食品　稻米加工技术规程

3　术语和定义

3.1

水稻扬花　rice flowing

水稻开花时，柱头伸出，花粉飞散。

3.2

水浸粒　water soaking for broken

过度碾米或抛光压力过大会引起大米出现裂纹，裂纹米会导致大米品质下降。为检验裂纹米的比例，将分样出约100粒大米浸泡在盛有20℃蒸馏水的玻璃培养皿中，浸泡30 min后的大米称为水浸粒。浸泡30 min后的水浸米可以直观地观察裂纹米的数量。

4　收获

水稻扬花结束后40 d～50 d，蜡熟末期至完熟初期，水稻黄熟粒95％以上，宜在含水量25％～28％时收获。

【内容解读】

如图2-1所示，水稻扬花结束后40 d～50 d，蜡熟末

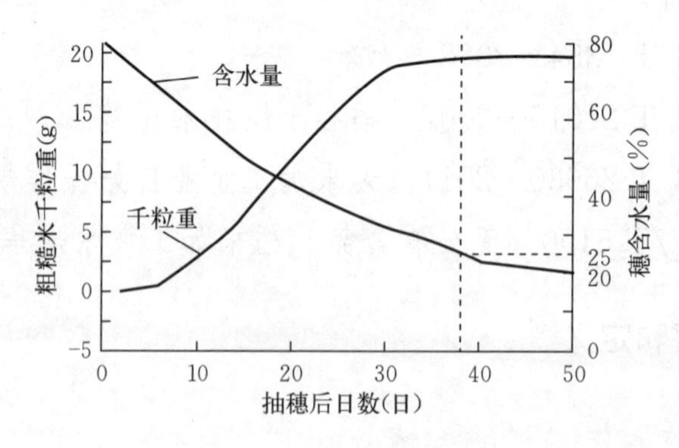

图2-1　水稻扬花后天数千粒重与含水量关系

期至完熟初期，此时水稻95%以上实粒黄熟，其含水量在25%～28%时收获最为适宜。

不同收获期试验结果表明，水稻扬花结束后40 d～50 d，千粒重基本稳定，其含水量为25%～28%，食味品质最佳。综合水稻产量和品质关系，水稻扬花结束后40 d～50 d收获最为适宜。

【标准原文】

5　干燥

5.1　收获后应进行自然晾晒或者低温烘干，温度控制在35 ℃以下，干燥后稻谷含水量控制在15%以下。

5.2　不同含水量稻谷应分别储存，分别进行干燥，同一批干燥的稻谷水分不均匀度不大于2.5%。

5.3　机械烘干技术要求应按照GB/T 21015—2007的规定执行。

【内容解读】

收获后立即进行自然晾晒或机械烘干，最好使用循环式烘干机进行缓苏式烘干，干燥后稻谷含水量控制在14.5%～15.5%，根据试验结果，如图2-2所示，为保持稻米食味品质，干燥中的稻谷温度控制在35 ℃以内为宜。不同含水率稻谷应分别储存，分别进行干燥，同一批干燥的稻谷水分不均匀度不大于

2.5%。机械烘干技术要求应按照 GB 21015—2007 的规定执行。

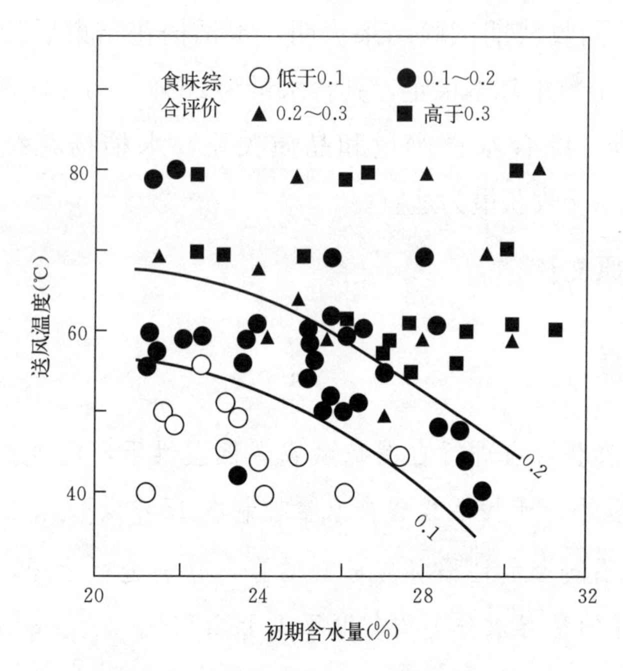

图 2-2　烘干温度和食味的关系

收获的水稻，首先以稻谷状态直接进行干燥，稻谷干燥最大目的是确保储藏性。因为收获后稻谷含水量在25%左右，是活的状态，其储藏性很差，如果直接储藏，会因呼吸作用造成能量消耗和淀粉分解（图 2-3）。同时，也会因发霉或细菌及昆虫等危害而腐败。不仅外观品质遭到损坏，食味也会大大下降。

通过多组对照试验，结果表明 35 ℃对于胚乳细胞活性有显著性影响，虽然实际操作实现温度精准控制比较困

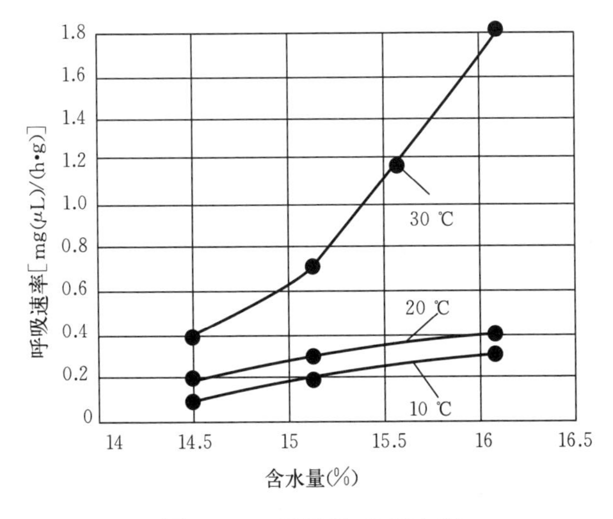

图 2-3　稻谷的呼吸速度

难，但是为了保持稻米的新鲜及食味口感，不建议温度超过 35 ℃。从目前设备精度考虑，烘干平均干减率为每小时 0.5%～0.9%。烘干带来的爆腰率要控制在最小，不同水分的稻米食味品质有显著性差异，考虑到实际操作，建议不同含水率稻谷应分别储存，分别进行干燥，同一批干燥的稻谷水分不均匀度不大于 2.5%。

为了在维持发芽和抑制呼吸作用以及病菌、霉菌、害虫繁殖的前提下保证稻米食味，进行了多组对照试验，结果表明，干燥后稻谷含水量控制在 14.5%～15.5%食味最佳，含水量低于 13%，会严重破坏胚乳细胞活性，显著影响食味。

【标准原文】

6 储藏

6.1 干燥后的稻谷储存在低温库中。

6.2 包装或者散装堆放，有隔热构造，有温湿度调节装置。

6.3 储藏中的粮温应在 15 ℃以下，相对湿度 70%左右。

【内容解读】

干燥后的稻谷储存在低温库中，编织袋包装或者散装堆放，有隔热构造，有温湿度调节装置；储藏中的粮温应在 15 ℃以下，相对湿度 70%左右。其他技术要求应按照 T/PDZ 0014—2018 的规定执行。

目前国内稻谷储存更多使用运行成本较低的准低温库，其原因是根据霉菌和储藏害虫繁殖的温度（表 2－10、表 2－11），低温库可以在维持发芽和显著抑制呼吸作用以及病菌、霉菌、害虫繁殖的前提下保证稻米食味；同时，可

表 2－10 霉菌的种类和繁殖温湿度

种类		繁殖温度范围（℃）	繁殖所需湿度（%）	主要菌种
霉菌群	好湿性菌群	15～22.5～40	＞88	赤霉菌
	中湿性菌群	15～22.5～40	＞80	酒曲霉素、青霉菌
	低湿性菌群	15～22.5～40	65～75	酒曲霉素、青霉菌

将粮温控制在 15 ℃以下，显著减少游离脂肪酸生成和硬度黏度比变化，从而保障稻米的品质。

表 2-11　储藏害虫繁殖的温湿度

种类	繁殖温度（℃）		繁殖湿度（%）		过冬形态
	最低	适温	最低	适湿	
谷象虫	13	27～30	60	85	成虫（一部分幼虫）
谷象幼虫	15	28～32			幼虫
麦蛾	18	28～32			
	14	26～30	30		

【标准原文】

7　加工

7.1　出机时的大米温度应控制在 40 ℃以下。

7.2　水浸粒比率控制在 10%以内。

7.3　其他要求应按照 GB/T 1354—2018、GB/T 26630—2011 和 NY/T 5190 的规定执行。

【内容解读】

《天津小站稻　收获、干燥、储藏、加工技术》（DB12/T 909—2019）推荐结合研削、撞击碾米和擦离、切削碾米，是现代碾米的主流。碾米带来的粮温上升在 20 ℃左右。出机时的粮温在 30 ℃～40 ℃。碾米中的碎米在 5%以下。大米的白度在 40%左右。白度在 40%时，糙出白率是

90.5%，是最适度碾米，碾米不充分或过度碾米都会导致食味下降。精米率与品质指标见图2-4。

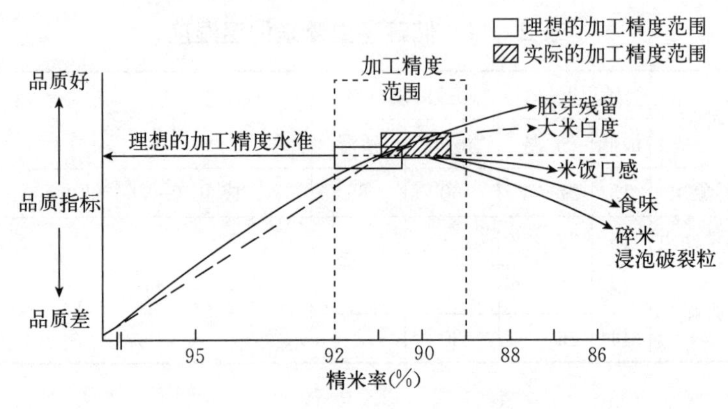

图2-4　精米率与品质指标

五、《天津小站稻　精白米》(DB12/T 971—2020)

【标准原文】

1　范围

本标准规定了天津小站稻精白米的质量要求、检验方法、检验规则、包装和标签及储存和运输的要求。

本标准适用于以天津小站稻的稻谷、糙米为原料，经碾磨加工而成的商品精白米。

【内容解读】

依据天津市生产实际在适用范围中将糙米列为原料，

而未将国标中的半成品米列为原料。

【标准原文】

2　规范性引用文件

下列文件对于本文件的应用是必不可少的。凡是注日期的引用文件，仅所注日期的版本适用于本文件。凡是不注日期的引用文件，其最新版本（包括所有的修改单）适用于本文件。

GB 1354　大米

GB 2715　粮食卫生标准

GB/T 5009.5　食品安全国家标准　食品中蛋白质的测定

DB12/T 908　天津小站稻　品种

DB12/T 909　天津小站稻　收获、干燥、储藏、加工技术

3　术语和定义

GB 1354 界定的以及下列术语和定义适用于本文件。

3.1

天津小站稻精白米　refined white rice of Tianjin Xiaozhan Rice

以符合 DB12/T 908 界定的天津小站稻品种生产出的

稻谷、糙米为原料加工而成的精白米。

【内容解读】

由于《天津小站稻　精白米》（DB12/T 971—2020）所涉及的大部分名词术语在《大米》（GB 1354）中已明确下过定义，这些定义在本标准中均适用，故不再重复，重点对天津小站稻精白米的定义进行了阐述。

【标准原文】

4　质量要求

4.1　卫生要求

按照 GB 1354 的规定执行。

4.2　质量指标

天津小站稻精白米质量指标见表 1，其中碎米（总量及其中小碎米含量）、加工精度、不完善粒含量、垩白度和食味品质评分值为定等指标。

表 1　天津小站稻精白米质量指标

等级		一级	二级
碎米	总量，%	≤5	≤7.5
	小碎米含量，%	≤0.1	≤0.3
加工精度		精碾	
不完善粒含量，%		≤2.0	

（续）

等级		一级	二级
垩白度，%		≤1	≤3
食味品质评分值，分		≤90	≤80
蛋白质含量，%		≤7.5	
直链淀粉含量，%		14～19	
含水量，%		≤15	
杂质限量	总量，%	≤0.1	
	无机杂质含量，%	≤0.01	
黄粒米含量，%		≤0.2	
互混率，%		≤3.0	
色泽、气味		正常	

4.3　净含量

按 GB 1354 的规定执行。

【内容解读】

根据收集到的数据（表 2－12），本标准提出了质量指标，为判定天津小站稻精白米等级提供了客观依据，与 GB 1354 相比：取消了三级米；调整了垩白度、直链淀粉含量、含水量、不完善粒含量、杂质限量含量、黄粒米含量及互混率指标；增加了精白米的蛋白质含量。

以天津市小站稻推介品种共 8 个品种多年多点的化验指标为基础，确定蛋白质含量指标为≤7.5％。

表 2-12 小站稻各品种米质检验结果（%）

年份	品种编号	蛋白质含量	含水量	垩白度	直链淀粉含量	不完善粒含量	杂质限量	黄粒米含量	互混率
2018	1	7.33	14.5	1.4	16.1	0.73	0.003	0.009	0.9
	2	7.00	13.9	0.9	17.5	0.83	0.001	0.007	0.7
	3	7.21	14.8	0.7	17.5	1.12	0.001	0.004	0.4
	4	6.70	13.7	1.9	17.4	0.94	0.002	0.006	0.3
	5	7.38	14.6	2.0	18.6	1.07	0.001	0.005	0.3
	6	7.46	14.9	1.0	17.2	0.91	0.002	0.004	0.5
	7	7.44	14.1	2.0	18.3	1.66	0.001	0.001	0.2
	8	7.06	14.6	0.5	18.1	1.35	0.002	0.003	0.1
2019	1	7.45	14.3	2.0	17.1	0.66	0.002	0.008	0.8
	2	7.12	14.7	0.9	17.0	0.79	0.001	0.006	0.9
	3	7.33	14.6	1.0	17.4	0.98	0.003	0.004	0.5
	4	6.85	13.8	2.1	17.8	1.04	0.001	0.005	0.2
	5	7.35	14.1	1.5	17.9	1.22	0.002	0.003	0.4
	6	7.32	14.7	0.8	17.3	0.88	0.001	0.006	0.6
	7	7.64	13.9	2.2	18.1	1.49	0.004	0.004	0.7
	8	7.11	14.3	0.3	18.6	1.27	0.001	0.001	0.3

【标准原文】

5 检验方法

5.1 碎米含量、加工精度、杂质含量及不完善粒含量、垩白度、水分含量、黄粒米含量、互混率、色泽、气味检验、品尝评价分值、直链淀粉含量和净含量的检验，按GB 1354规定的方法执行。

5.2 蛋白质含量按GB/T 5009.5规定的方法执行。

6 检验规则

6.1 扦养、分样

按GB 1354的规定执行。

6.2 检验的一般规则

按GB 1354规定的方法执行。在检验结果中有不合格项目时，可从原产品中加倍抽样，对不合格项目复检，复检结果合格为合格，否则判为不合格，卫生指标有一项不合格即判为不合格，并且不允许复检。

6.3 产品组批

按GB 1354的规定执行。

6.4 出厂检验

出厂检验项目按4.2的规定检验。

6.5 型式检验

按本标准第4章的规定检验。需要进行型式检验的情况参照GB 1354进行。

6.6 判定规则

6.6.1 合格判定

凡符合GB 2715、国家卫生检验和植物检疫有关规定以及本标准第 4 章基本指标的，为合格产品，否则为不合格产品。

6.6.2 等级判定

加工精度不符合本标准要求的，判为非等级产品。

定等指标中有一项及以上达不到表 1 该等级质量要求的，逐级降至符合的等级；不符合最低等级指标要求的，作为非等级产品。

其他指标有一项及以上不符合表 1 要求的，作为非等级产品。

【内容解读】

《天津小站稻　精白米》（DB12/T 971—2020）调整了天津小站米的判定规则，标准内取消了三级，达不到二级的非等级产品不能作为天津小站稻精白米出售，从根本上保证了天津小站米质量。

【标准原文】

7 包装和标签

按 GB 1354 的规定执行。

8 储存和运输

按 DB12/T 909 及 GB 1354 规定的方法执行。

【内容解读】

干燥后的稻谷应储备在清洁、干燥、防雨、防潮、防虫、防鼠、无异味的低温库中，不得与有毒有害物质或水分较高的物质混存。储藏中的粮温应在 15 ℃以下，相对湿度 70%左右。

运输过程中，应使用符合食品安全要求的运输工具和容器运送大米产品，运输过程中应注意防止被雨淋和被污染。

六、《天津小站稻　食味品质评价》(DB12/T 944—2020)

【标准原文】

1　范围

本标准规定了天津小站稻食味品质评价方法的技术要求。

本标准适用于以小站稻稻谷为原料，经机械加工而成的糙米和精米。

2　规范性引用文件

下列文件对于本文件的应用是必不可少的。凡是注日期的引用文件，仅注日期的版本适用于本文件。凡是不注日期的引用文件，其最新版本（包括所有的修改单）适用于本文件。

DB12/T 908　天津小站稻　品种

3　术语和定义

下列术语和定义适用于本文件。

3.1

食味　palatability

通过人的眼、鼻、舌、牙等对米饭的外观、气味、滋味、黏性、硬度等特性的综合评价。

4　技术要求

4.1　精米外观品质

精米外观品质应按照 DB12/T 908 的规定执行。

4.2　食味理化特性值

糙米含水量 14.0%～15.5%，淀粉糊化特性（RVA 值）的最高黏度 300 RVU 以上，崩解值 100 RVU 以上，其他应按照 DB12/T 908 的规定执行。

【内容解读】

1. 糙米含水量在 14.0%～15.5%

干燥温度与干燥速度很重要，对稻谷剧烈地加热干燥处理，必然造成食味变劣。含水量在 13.5%以下的过干糙米，胚乳细胞壁遭到破坏，煮饭时饭粒破裂，黏性减弱、明显变软，咀嚼时米饭没有弹性感，饭粒黏糊，食味明显变差。根据研究结果提出，从食味角度要求糙米含水量保持在14.0%～15.5%为宜。

糙米含水量对稻谷的储藏加工品质有显著影响，糙米是活的有机体，伴随呼吸作用会引起内部化学物质变化。所以，储藏期间的食味特性也在不断变化。研究结果表明，低温储藏可以抑制呼吸作用，减缓食味降低。储藏仓库高温高湿会加速糙米呼吸作用，加快糙米内储藏物质的变化和消耗，降低食味。现行的低温储藏技术，温度控制在10℃～15℃，相对湿度控制在70%左右。随着储藏时间变长，稻谷理化成分及其相关特性会发生变化。陈米发出的气味就是由于游离脂肪酸含量增多导致，而且营养物质维生素B_1含量降低。稻谷含水量的高低，对精米加工影响很大。当稻谷的含水量高时，其流动性会变差，造成清理和谷糙分离困难，脱壳效率降低，影响稻谷的加工强度，且碎米率高，加工过程中动力消耗大，导致生产成本增加；而当稻谷的含水量过低时，虽有利于脱壳，但因含水量过低，破坏了米粒内细胞活性，改变了其原有的淀粉结构，使其食味品质严重下降。项目组以优质食味水稻品种津川1号为对象，通过对样品储藏后理化指标的测定和食味试验，探讨糙米储藏时期的最佳含水量，为实际生产中稻谷的储藏技术提供数据支持和理论依据。

由图2-5可以看出，2年的试验中，储藏时期含水量与食味综合评价值呈极显著相关关系，相关系数分别是：$r_{2014}=0.837$，$r_{2015}=0.694$。说明了在适宜范围内，储藏含水量越高，食味综合评价值越高。

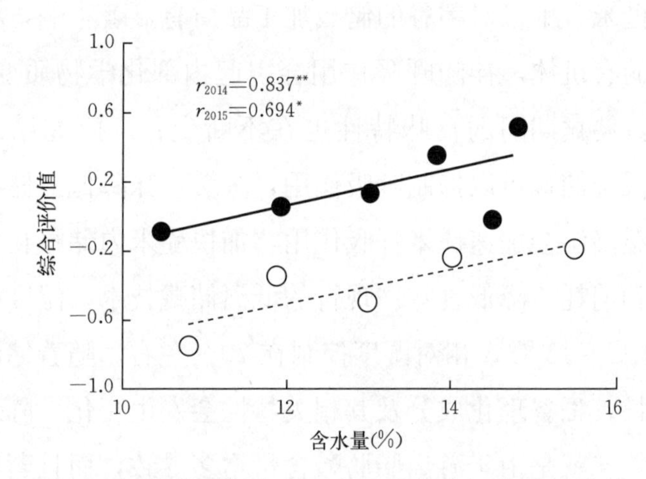

图2-5 储藏时期含水量与食味综合评价值的关系

2. 淀粉糊化特性（RVA值）**的最高黏度在300 RVU以上，崩解值在100 RVU以上**

目前国内一般采用测定碱消值的方法来进行大米糊化特性的划分。主要参考的标准是农业农村部颁标准《米质测定方法》（NY/T 83—2017）中的测定方法，该方法评价过程中需要对实验现象进行人工读数，易受人为因素干扰。

澳大利亚Newport Scientific Instrument公司开发的稻米快速黏度测定仪（rapid viscosity analyzer，RVA），

用来测定稻米淀粉的黏滞性谱，在谷物和淀粉黏度特性测定领域得到了广泛的应用。RVA 使用 TWC 配套软件进行分析，具有快速、简单、准确、重复性好等特点，而且 RVA 测定过程中的温度变化是模拟稻米的蒸煮过程，测定的谱能更贴切地反映米饭口感和质地，因而已经成为评价稻米食味品质的适用技术。

项目组崔晶博士已发表的论文《中日水稻品种食味特性的研究》中应用 RVA 对早期天津主栽品种和日本水稻品种的 RVA 特性进行了测定与分析，测定结果见表 2－13。

表 2－13　RVA 仪器对早期天津品种和日本品种的 RVA 特性的测定结果

序号	品种	AC（%）	PC（%）	RVA（RVU）				
				最高黏度	最低黏度	最终黏度	崩解值	恢复值
1	中作 23	19.0	7.7	386	101	188	285	87
2	中作 93	18.8	7.5	368	91	174	277	83
3	早花 2	16.8	8.7	396	103	188	293	85
4	花育 13	16.7	7.7	376	93	171	283	78
5	金株 1	18.0	7.9	385	97	185	288	88
6	津稻 308	17.8	7.9	408	108	193	300	85
7	津稻 779	17.0	7.6	397	97	178	300	81
8	津稻 1187	18.7	8.0	358	102	188	256	86
9	津稻 1229	18.9	8.1	417	99	191	318	92
10	津优 29	17.4	8.9	409	103	191	300	88

（续）

序号	品种	AC（%）	PC（%）	RVA（RVU）				
				最高黏度	最低黏度	最终黏度	崩解值	恢复值
11	津优 9701	19.1	8.2	371	107	194	264	87
12	早优 1	18.5	8.3	417	105	194	272	89
13	神力（1877）	19.5	7.8	308	92	173	216	81
14	爱国（1882）	16.6	9.3	362	101	185	261	84
15	农林 18 号（1914）	20.0	7.3	327	99	185	228	86
16	Nagiho（1950）	17.9	7.5	372	98	177	274	79
17	Koshihikari（1956）	16.2	7.4	426	100	183	326	83
18	秋晴（1962）	17.7	8.0	372	106	189	266	83
19	日本晴（1963）	18.9	7.4	382	103	193	279	90
20	Minaminishiki（1975）	16.8	8.2	347	97	177	250	80
21	Koganemasari（1976）	19.1	7.5	370	102	190	268	88
22	Kinuhikari（1988）	16.1	7.8	449	113	197	336	84
23	Hinohikari（1989）	15.8	7.7	381	102	179	279	77
24	Okuhikari（1989）	17.9	7.6	386	103	186	283	83
平均		17.9	7.9	382	101	185	279	84
CV（%）		6.7	6.3	8.1	5.0	3.8	10.0	4.8
天津平均		18.1	8.0	391	101	186	286	86
日本平均		17.7	7.8	374	101	185	272	83
显著性		ns	ns	ns	ns	ns	ns	ns

注：天津品种为序号 1～12，日本品种为序号 13～24。崩解值＝最高黏度－最低黏度；恢复值＝最终黏度－最低黏度。ns 为不显著。

由上表可以看出：天津早期的水稻品种与日本水稻品种在各项理化学特性上的平均值上无显著差异，应用日本在水稻品种选择过程中 RVA 测定指标的评价标准来评价天津水稻品种是可行的，即最高黏度高于 300 RVU，崩解值高于 100 RVU。在中日已有的研究中认为 RVA 特征值中与食味相关性最高的指标是最高黏度（图 2－6）与崩解值（图 2－7），两项指标与食味均呈显著的正相关关系，因此为了选育出更加优质的水稻品种作为小站稻品种，可以适当提高选育过程中的选择标准。

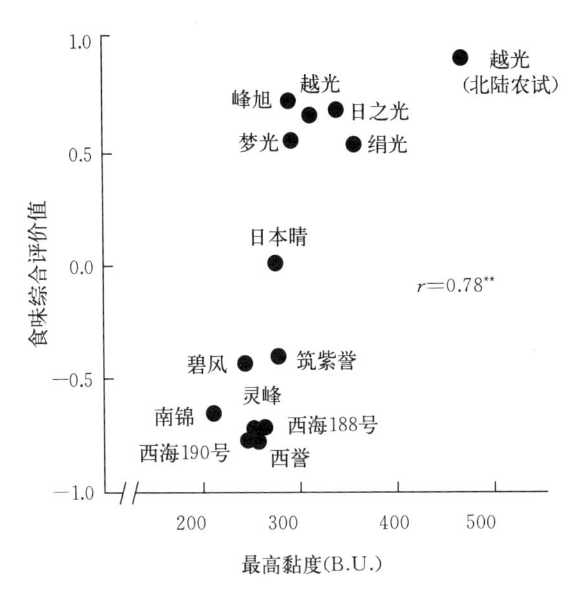

图 2－6 食味和最高黏度值的关系

（松江勇次，1988）

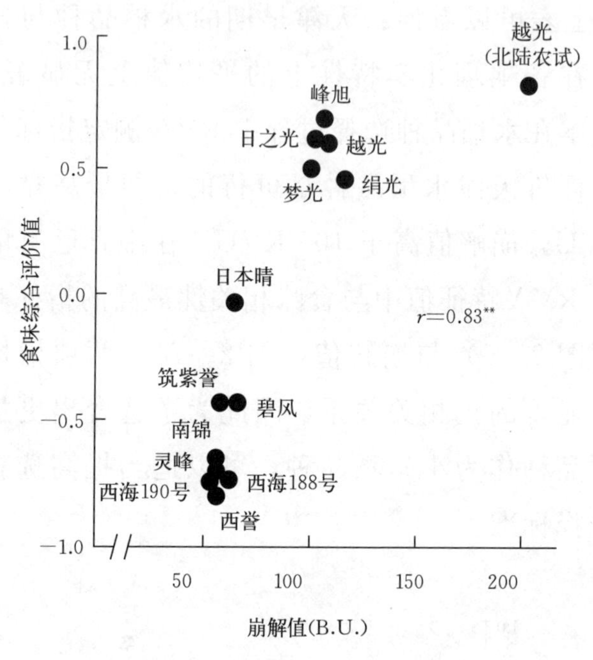

图2-7 食味和崩解值的关系

（松江勇次，1988）

【标准原文】

4.3 食味感官评价方法

4.3.1 材料准备

以当年生产的优质食味品种津川1号为对照品种。评价材料和对照材料须同时常温保存或同时低温保存（15 ℃以下），评价试验前一天用小型精米机磨成精米，磨米时糙米出精率控制在90%～91%。

4.3.2 煮饭

洗淘米采用专用淘米套盆（有孔内盆和无孔外盆），以淘洗到看清饭米为准，米水重量比为米∶水=1∶(1.2～1.3)，采用统一型号电饭锅煮饭。饭米浸泡吸水时间为夏季30 min、冬季60 min。电饭锅开关启跳后带电继续焖蒸15 min，用饭铲由外向内，由下向上轻轻翻动米饭，之后盖锅再焖5 min。

4.3.3　小站稻食味感官评价法（10份法）

4.3.3.1　每次评价10个样品（含对照），统一编号，对照为“0”分，与对照比较分别打分：−3、−2、−1、0、+1、+2、+3，共分7个分级，见表1。

表1　米饭食味感官评价调查表

姓名：　　　　年龄：　　　　性别：　　　　籍贯：　　　　日期：

样品	2	3	4	5	6	7	8	9	10	比对照差			对照	比对照好		
										很差 −3	差 −2	略差 −1		略好 1	好 2	很好 3
外观																
饭香																
味道																
黏度																
弹性																
综合评价																
注：1号为对照品种。																

4.3.3.2 评价方法

a）外观：白色发亮光（＋），相反（－）；外观比对照好分别为＋3、＋2、＋1，否则为－3、－2、－1；

b）饭香：气味比对照好分别为＋3、＋2、＋1，否则为－3、－2、－1；

c）味道：适口性好发甜好吃（＋），相反（－）；味觉比对照甜香分别为＋3、＋2、＋1，否则为－3、－2、－1；

d）黏性：发黏有黏性（＋），散落无黏性（－）；黏性比对照黏分别为＋3、＋2、＋1，否则为－3、－2、－1；

e）弹性：有弹性，劲道（＋），无弹性（－）；弹性比对照好分别为＋3、＋2、＋1，否则为－3、－2、－1；

f）综合评价：比对照好（＋），比对照差（－）；综合评价比对照好分别为＋3、＋2、＋1，否则为－3、－2、－1。

4.3.3.3 评价标准

a）±3：吃一口有明显区别，且区别很大；

b）±2：吃一口有区别，但区别不大；

c）±1：吃一口不能够区别，再吃两三口有区别；

d）0：无论吃几口，区别也不大。

4.3.4 结果统计

与对照以及互比相差＋0.35或－0.35则相差显著。

4.3.5　评价员要求

评价员人数限定在 16 人～20 人，并且保持不变。评价员应经过反复训练，评价员队伍应相对保持不变。

【内容解读】

1. 中国评价方式

如国家标准《粮油检验　稻谷、大米蒸煮食用品质感官评价方法》（GB/T 15682—2008）所示，包括对照样品在内，每次评价 4 份米饭样品，每份材料米饭量为 50 g，放在贴有 4 种颜色标记的盘子内。经过培训练习的鉴评员 18 人～24 人，分别从气味（20 分）、外观结构（20 分）、适口性（30 分）、滋味（25 分）、冷饭质地（5 分）以及综合评分（100 分）共 6 个项目与对照样品进行比较判定。采用 6 个项目合计 100 分制综合评价，分别与对照品种进行比较判断。但是，这种 100 分制的评价方法，由于各评价项目的打分方法比较繁杂，鉴评需要大量时间和劳力，也更不容易把握。

2. 日本评价方式

日本评价方式是以日本粮食厅食味试验实施要领（1968 年制定）的方法为标准。包括对照米饭样品在内，每次评价 4 份样品，米饭各取 50 g，放在 4 种颜色标记的白色餐盘内（直径 25 cm）进行感官试验评价，左侧为对照米（图 2－8）。

选择具有一定年龄和性别差别的 24 人为感官试验评价

图 2-8 感官试验评价 4 份法（松江勇次）

员，从米饭外观、气味、味道、黏度、硬度和综合评价共 6 个项目分别与对照米样品米饭进行比较判断。外观以是否有光泽和饭粒是否整齐判断；味道是米饭的滋味，根据吞咽时是否感觉顺畅光滑、咀嚼时是否感觉微微香甜进行判断；米饭气味是以是否具有新米米饭的清香进行评价；黏度是指米饭黏性的强弱；硬度是指米饭的软硬程度；综合评价是与对照相比，对米饭食味好与差的综合判断，而并不是各个单项的简单加和。一般来说，感官评价的综合评价值被称为食味值。日本食味感官试验法每次 24 名鉴评员评价 4 个样品，仍然显得工作量大，人员不容易保证。

3. 高效食味感官试验评价 10 份法

高效感官试验评价法即少数评价员对多数样本的感官试验评价。在水稻食味鉴评时，特别是优质食味品种选育工作中，需要通过食味感官试验评价进行食味选拔的杂交后代材料很多，在一定时间里保证 24 名鉴评员长时间工作是不太容易做到的。在这种情况下，便研究开发出了每次感官鉴定评价 10 个样本的“高效食味感官试验评价 10 份法”并向大家推荐。鉴评员减少到 16 人左右，每次评价 10 个样本（图 2－9），这种少数鉴评员对多个米饭样品进行感官试验评价的方法，简单容易掌握，实现了鉴定评价效率的提高，可以推广应用。值得注意的是，食味感官试验评价提前准确把握鉴评员的适合性最为重要。

图 2－9　高效食味感官试验评价 10 份法样品摆放（松江勇次）

关于评价等级，综合评价、外观、气味和味道从－3（很差）到＋3（很好），黏度从－3（很弱）到＋3（很强），硬度从－3（很软）到＋3（很硬），各自 7 个等级评分。评分判断标准：“很”（±3）是指品尝时第一眼或第一口就能够判断出差异；“好或差”（±2）是指第一眼或第一口虽然无法做出明确判断，但一定程度上可以给出与对照不同的结论；“略”（±1）是指感官试验评价时第一眼或第一口虽然无法判断，但是第二眼或者第二口便可以得出结论；“无”（0）是指通过与对照相比，即使第二眼或第二口也无法得出结论。

第三章　国家小站稻栽培标准化示范区建设情况

一、2020年示范区建设情况

（一）项目实施进程

2020年，项目组严格按照“国家标准化示范区管理办法（试行）”，认真组织项目实施。已完成0.9万m^2智能化标准化小站稻基质育秧示范区建设，育秧技术采标率达到100%，提供标准化秧苗4.7万盘；已在宁河区建成0.2万亩小站稻栽培标准示范区，栽培示范区采标率达到100%，平均亩产达到728 kg；辐射带动2万亩小站稻采用标准化技术，辐射区采标率超过85%，平均亩产达到683.8 kg。已全面完成合同规定的2020年度建设任务。国家小站稻栽培标准化核心示范区见图3-1。

（二）构建示范区工作标准、管理标准、操作标准体系

涉及工作标准12项、管理标准17项、操作标准24

图 3－1　国家小站稻栽培标准化核心示范区

项（图3－2至图3－4）。标准配套齐全，各项标准现行有

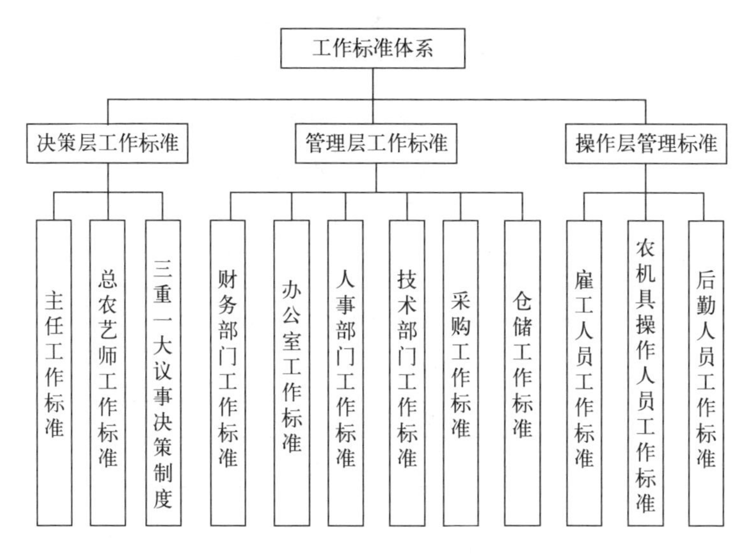

图3－2　工作标准体系

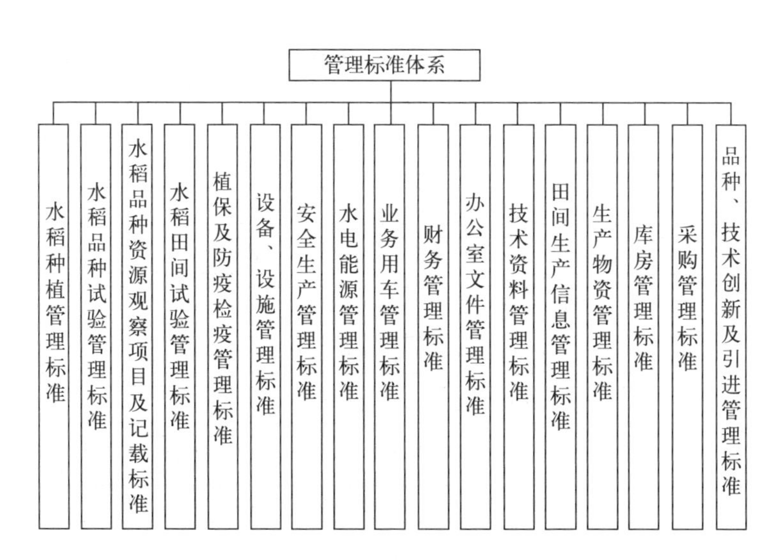

图3－3　管理标准体系

操作标准体系
《天津小站稻气候品质评估技术规范》（待审核）
《天津小站稻种植的土壤条件》（待审核）
《中华绒螯蟹配合饲料》（SC/T 1078—2004）
《河蟹养殖质量安全管理技术规程》（SC/T 1111—2012）
《中华绒螯蟹池塘、湖泊网围生态养殖技术规范》（SC/T 1100—2007）
《无公害河蟹苗种》（DB33/T 481—2004）
《中华绒螯蟹人工育苗技术规范》（SC/T 1099—2007）
《天津小站稻 食味品质评价》（DB12/T 944—2020）
《大米》（GB/T 1354—2018）
《优质稻谷》（GB/T 17891—2017）
《天津小站稻 精白米》（DB12/T 971—2020）
《天津小站稻收获、干燥、储藏、加工技术》（DB12/T 909—2019）
《天津小站稻 栽培技术》（DB12/T 887—2019）
《天津小站米》（NY/T 1268—2007）
《基于物联网的水稻基质育秧技术规程》（获得批准）
《天津小站稻 基质育秧技术》（DB12/T 886—2019）
《天津小站稻 品种》（DB12/T 908—2019 ）
《水稻良种生产技术操作规程》（DB12/T 518—2014）
《水稻原种生产技术操作规程》（GB/T 17316—2011）
《农药合理使用准则(十)》（GB/T 8321.10—2018）
《肥料合理使用准则 通则》（NY/T 496—2010）
《粮食作物种子 第1部分：禾谷类》（GB/T 4404.1—2008）
《水稻产地环境技术条件》（NY/T 847—2004）
《高标准农田建设标准》（NY/T 2148—2012）

图 3-4 操作标准体系

效。天津市地方标准《天津小站稻　精白米》于2020年7月23日通过审查，于2020年9月批准发布，标准号为DB12/T 971—2020，标志着天津市小站稻地方标准构建行动初步完成。按照有标采标、无标制标的建设原则，根据示范区建设需要，2020年5月初，2020年天津市地方标准制定项目《基于物联网的水稻基质育秧技术规程》和《新型农业经营主体信用等级评价》获得批准。

（三）认真组织标准化培训工作

围绕示范区建设标准，项目组制定了详细的培训计划，印刷标准文本和通俗读本，录制了基质育秧标准的音像资料。材料配备齐全，与标准文本符合程度高。同时，聘请了标准化研究院专家为项目讲师，分4期对水稻种植区农技人员和种植大户进行了标准化知识培训，参加培训人员200余人（图3-5）。同时带领参加培训人员到津南区八里台小站稻栽培标准化示范区进行了现场参观教学，结合培训下发了培训满意度调查表，平均满意度达到90%以上。

（四）积极组织开展标准化宣传工作

2020年4月初，在天津优质农产品开发示范中心基质育秧标准化示范区召开了现场观摩会，来自全市涉农区的共计50余人参加了此次活动。2020年5月29日和

图 3-5　标准化培训及现场教学

2020 年 6 月 4 日，分别在宝坻及宁河进行了标准化宣传活动，下发标准文本 500 余份，通过现场观摩和标准化宣传活动（图 3-6、图 3-7），提高了广大农户的标准化意识和技术普及率，为示范区建设奠定了技术基础。

图 3-6　基质育秧标准化示范区现场观摩会

图 3－7　标准化宣传活动

（五）措施有力，保障项目顺利实施

项目设有工作推动组、技术指导组、项目办公室及试验站。各部门之间建立项目长效协调机制，每月分别与市级行政主管部门、项目实施区种植业中心定期开展项目会商（图 3－8），研究项目进展及存在问题，并提出下一阶段工作计划。此外，有计划地进行阶段性考察，保证计划落地实施（图 3－9），部门设计科学，工作分工明确，沟

图 3－8　定期会商

图 3-9　阶段性考察

通协调机制畅通。同时建立了激励机制及监督机制，保障了项目顺利实施。

二、2021 年示范区建设情况

2021 年是“国家小站稻栽培标准化示范区”项目实施的第二年，经过第一年工作的扎实积累，示范区有针对性地推广了多项标准化技术，有效抵御了由于气候异常造成的水稻生产障碍，较好地完成了示范区建设的各项技术、工作指标。

（一）任务指标及完成情况

1. 任务指标

2021 年，按照项目实施方案的要求，国家小站稻栽培示范区将新建 1 万 m^2 智能化标准化小站稻基质育秧示范区，示范区面积达到 1.9 万 m^2，育秧技术采标率达到

100%；新建0.4万亩小站稻栽培标准示范区，示范区面积达到0.6万亩，栽培示范区采标率达到100%，辐射带动3万亩小站稻采用标准化技术，其中宁河1.5万亩、宝坻1万亩、津南0.5万亩。项目区采用无人机施肥技术（图3-10），大大节省了人力物力。

图3-10 无人机施肥技术

2. 完成情况

项目承担单位认真落实实施方案要求，在资金紧、任务重的情况下，集中有限资金，集中精力办核心事。2021年，在天津市优质农产品开发示范中心新建了1.12万 m^2 冷棚，全部安装了智能化的管理设施，比计划增加12%。同时，做好育秧温室提升改造工作，更换温室棚膜0.9万 m^2，保证智能化育秧示范区按时进行水稻秧苗供应工作（图3-11）。

2021年，2.02万m^2示范区共生产高质量秧苗1万盘，育秧技术采标率达到100%。同时，新建了0.45万亩小站稻栽培标准化示范区，示范区面积达到0.65万亩，比计划增加12.5%，采标率达到100%。辐射带动3.35万亩小站稻采用标准化技术，其中宁河1.55万亩、宝坻1万亩、津南0.8万亩，比计划增加0.35万亩。项目承担单位定期进行育秧示范区调研（图3-12）和育秧示范区生产考察（图3-13）。

图3-11　智能化育秧示范区

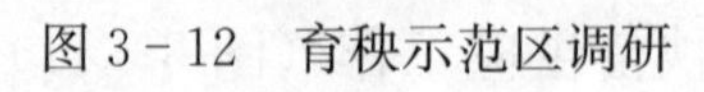
图3-12　育秧示范区调研　　图3-13　育秧示范区生产考察

（二）标准框架建设情况

2020年是项目实施的第一年，在标准化框架建设方面缺乏经验，列入框架的很多标准对示范区建设支撑作用不够精准。本着精确指导原则，2021年项目组重新对标准化框架进行了梳理，对内容进行了优化，标准内容更加适用，标准框架更加完善（图3－14）。

图3－14　项目组开展研讨

1. 制定了一项地方标准

针对水稻生产适度规模经营发展较快、新型经营主体良莠不齐、不利于标准化技术开展的问题，天津市农业发展服务中心主持制定了天津市地方标准《新型农业经营主体信用等级评价》，目的是选择信用良好的经营主体，更好地开展标准化技术示范，全面提升标准化示范区建设水平。

2. 申请了一项地方标准

俗话说“好土产好粮”，土壤是孕育小站稻的温床。近20年来，由于长期不合理施肥，特别是氮肥的超量使用，使得天津地区稻田土壤结构、肥力、酸碱度及微量营养元素发生变化，造成土壤养分含量不均衡、盐渍化程度高、pH高及营养元素比例失调等问题，严重影响了小站米的食味品质和产量，不利于小站米品牌打造，降低了小站稻的市场竞争力。在2020年项目实施期间，天津市农业发展服务中心联合天津市地质研究和海洋地质中心对田间小站稻适宜土壤进行了多点调查，结合调查结果申请制定了地方标准《天津小站稻种植的土壤条件》，从天津小站稻适宜种植土壤条件的测定方法、术语、定义、土壤指标及综合培肥方法进行约束，以指导稻田的科学、精准和高效施肥，实现小站稻提质增产，为天津小站稻产业振兴作出积极贡献。

（三）新技术示范推广情况

1. 及时下发技术意见，指导科学防灾减灾

2021年天津市气候异常，插秧后5月—6月气温明显低于常年，致使插秧后秧苗缓秧慢，分蘖迟。为促进水稻生长，2021年分蘖肥施用普遍偏多。而6月下旬以来，天津市连续降水，日照不足，水稻种植区普遍晾田不彻底或未能晾田，水稻群体普遍较大。针对这一问题，项目组

编制《农作物防灾减灾技术手册》，有针对性地提出氮肥减量、科学化控及后期间歇灌溉技术措施，大大提高了植株抗性（图 3－15）。

第三节 水 稻

图 3－15　《农作物防灾减灾技术手册》内容

2. 积极开展新技术试验示范，推进新技术标准化联动

针对 2021 年天津小站稻精白米达标率较低，特别是蛋白含量普遍超标的问题，项目组重点在影响小站稻蛋白含量的追肥技术上开展了多项试验，从秸秆还田增加土壤有机质入手，目的就是增加稻田根际微生活活力，提高水稻食味品质，同时，开展了追肥梯度减量试验，减少氮在水稻植株中的积累，从而降低水稻籽粒中蛋白质含量。近期调查结果，氮肥减少 20％，对水稻产量没有任何影响。为提高稻田蟹产量，在核心示范区开展了水稻宽窄行种植试验示范工作，通过加大行距、缩小株距，在每亩总茎数不变的情况下，改善了螃蟹的生长环境，稻田蟹质量得到大幅提升，真正实现了一水两用，一地双收（图 3－16）。各项试验进展顺利，2022 年在示范区大面积推广。

图 3－16　水稻宽窄行种植试验示范

（四）标准化工作情况

1. 建立沟通机制，提高工作效率

为保证示范区建设顺利实施，由天津市农业发展服务中心牵头，成立市、区两级示范区领导组及项目办公室。

领导小组负责项目推动、督促检查和措施落实工作。项目办公室设在天津市农业中心种植业部，负责项目日常工作。项目组充分发挥项目办公室作用，保证示范区各单位及部门沟通顺畅，保障了各项标准化技术措施及时下达。同时严格项目组月例会制度（图 3－17），及时解决生产中存在的问题，提高了工作效率。

图 3－17　项目组月例会

2. 利用试验站优势，发挥引领作用

项目设立标准化技术推广组，由天津市农业中心种植业部、优质农产品开发示范中心、区农技推广中心的科技人员组成，负责项目示范区实施方案的制订、标准信息反馈、标准修改完善、审定技术宣传和培训及示范区建立等工作。项目首次设立标准化技术试验站，试验站位于天津市优质农产品开发示范中心。项目组充分利用试验站贴近生产实际的优势，开展核心示范区建设、新技术试验示范及过程监管工作，较好地发挥了标准化技术的引领作用，为示范区水稻生产提供了有效技术支持（图 3－18）。

图 3－18　项目组开展试验示范

3. 依托培训观摩，促进宣传推广

依托天津基层农技推广体系培训，制订了科学的培训计划，在2021年8月分4期对示范区农技人员和种植大户进行了小站稻系列标准化及绿色栽培技术培训，200余人参加。同时带领参加培训人员到小站稻栽培标准化示范区进行了现场参观教学，直观展示标准化技术成果，让学员对标准化技术有了更为深刻的了解（图3－19）。同时，加大示范区培育力度，2021年新增示范户6户，挂牌示范户达到9户，示范带动作用明显。

图3－19　小站稻标准化及绿色栽培技术培训及现场观摩

三、2022 年示范区建设情况

2020 年起，天津市农业发展服务中心及天津市优质农产品开发示范中心联合开展国家市场监管总局“国家小站稻栽培标准化示范区”项目的建设工作（图 3－20）。项目组严格按照《国家标准化示范区管理办法（试行）》组织项目实施，认真制订实施方案，建立健全了小站稻标准体系，重点抓好小站稻产地环境、优良品种、农业投入品的合理使用，实现了小站稻各

图 3－20　国家小站稻栽培标准化示范区

生产环节依标进行。2022 年，示范区生产标准化水平和组织化程度有较大提高，小站稻质量全部达到国家优质稻谷二级以上标准。通过示范区建设，实现了小站稻产量提高、种植户收入增加、稻区生态环境改善的三赢效果。

（一）完成标准化示范区建设

2020—2022 年，在天津市优质农产品开发示范中心建设智能化水稻基质育秧示范区 31 200 m^2，比计划增加 11.4%；建设了 1.15 万亩小站稻栽培标准化示范区，比计划增加 15%，采标率达到 100%，为全面提高小站稻科技含量提供技术支撑，为科技小站稻、智慧小站稻提供展示窗口。辐射带动 10.85 万亩小站稻采用标准化栽培技术，增幅 8.5%，采标率达到 90%以上，为全面提升天津小站稻生产水平奠定基础。

（二）标准体系建设

项目技术小组已完成涵盖小站稻技术标准、管理标准、工作标准、操作标准的标准体系。涉及工作标准 12 项、管理标准 18 项、操作标准 14 项、技术标准 10 项（表 3－1），保障项目标准体系配套齐全，且各项标准现行有效。

表 3-1　小站稻栽培标准化体系

体系	标准号及标准名称
工作标准体系	Q/TJXZD 001　主任工作标准
	Q/TJXZD 002　总农艺师工作标准
	Q/TJXZD 003　三重一大议事决策制度
	Q/TJXZD 004　财务部门工作标准
	Q/TJXZD 005　办公室工作标准
	Q/TJXZD 006　人事部门工作标准
	Q/TJXZD 007　技术部门工作标准
	Q/TJXZD 008　采购工作标准
	Q/TJXZD 009　仓储工作标准
	Q/TJXZD 010　雇工人员工作标准
	Q/TJXZD 011　农机具操作人员工作标准
	Q/TJXZD 012　后勤人员工作标准
管理标准体系	Q/TJXZD 101　水稻种植管理标准
	Q/TJXZD 102　水稻品种试验管理标准
	Q/TJXZD 103　水稻品种资源观察项目及记载标准
	Q/TJXZD 104　水稻田间试验管理标准
	Q/TJXZD 105　植保及防疫检疫管理标准
	Q/TJXZD 106　设备、设施管理标准
	Q/TJXZD 107　安全生产管理标准
	Q/TJXZD 108　水电能源管理标准

（续）

体系	标准号及标准名称
管理标准体系	Q/TJXZD 109　业务用车管理标准
	Q/TJXZD 110　财务管理标准
	Q/TJXZD 111　办公室文件管理标准
	Q/TJXZD 112　技术资料管理标准
	Q/TJXZD 113　田间生产信息管理标准
	Q/TJXZD 114　采购管理标准
	Q/TJXZD 115　库房管理标准
	Q/TJXZD 116　生产物资管理标准
	Q/TJXZD 117　品种、技术创新及引进管理标准
	DB12/T 1149—2022　新型农业经营主体信用等级评价
操作标准体系	GB/T 8321.10—2018　农药合理使用准则（十）
	GB/T 17316—2011　水稻原种生产技术操作规程
	NY/T 496—2010　肥料合理使用准则　通则
	NY/T 2148—2012　高标准农田建设标准
	SC/T 1099—2007　中华绒螯蟹人工育苗技术规范
	SC/T 1100—2007　中华绒螯蟹池塘、湖泊网围生态养殖技术规范
	SC/T 1111—2012　河蟹养殖质量安全管理技术规程
	DB12/T 518—2014　水稻良种生产技术操作规程

（续）

体系	标准号及标准名称
操作标准体系	DB12/T 886—2019　天津小站稻　基质育秧技术
	DB12/T 887—2019　天津小站稻　栽培技术
	DB12/T 909—2019　天津小站稻　收获、干燥、储藏、加工技术
	DB12/T 944—2020　天津小站稻　食味品质评价
	基于物联网的水稻基质育秧技术规程
	天津小站稻气候品质评估技术规范
技术标准体系	GB/T 1354—2018　大米
	GB 4404.1—2008　粮食作物种子　第1部分：禾谷类
	GB/T 17891—2017　优质稻谷
	NY/T 847—2004　水稻产地环境技术条件
	NY/T 1268—2007　天津小站米
	SC/T 1078—2004　中华绒螯蟹配合饲料
	DB12/T 908—2019　天津小站稻　品种
	DB12/T 971—2020　天津小站稻　精白米
	DB33/T 481—2004　无公害河蟹苗种
	天津小站稻　土壤条件

通过对使用标准的小站稻种植区技术人员、种植大户及部分加工企业人员等进行随机调查，结果显示，小站稻

各项标准基本涵盖了产业链的主要环节，项目指标符合当前小站稻生产水平，既有利于小站稻技术创新，也没有给农户带来不必要的经济负担，标准具备较强的实用性，应用满意度达到90%以上，对天津小站稻产业振兴起到了较强的支撑作用。

（三）宣传贯彻

1. 媒体宣传

2020—2022年，天津日报、天津电视台等市级新闻媒体先后8次对示范区小站稻生产及带动农户情况进行报道，“学习强国”平台予以发布，并在天津市农业农村委网站宣传报道4次。为推广普及地方标准，项目组编写了通俗读本《天津小站稻　基质育秧技术》和《天津小站稻栽培技术》问答版和漫画版，录制了水稻基质育秧讲座视频。

2. 培训观摩

为了提升小站稻标准化技术覆盖率，2020—2022年项目组共召开现场观摩会11次，内容涵盖小站稻新品种展示、基质育秧、统防统治及稻麦连作等技术，较好地发挥了示范区的引领带动作用（图3-21）。为推广普及地方标准，下发标准文本1 200份以供广大农户学习。提高了广大农户的标准化意识和技术普及率，为示范区建设奠定了技术基础。

图 3-21　标准化技术培训及观摩

（四）监督管理措施

严格按照项目组制订的年度工作计划，及时召开年度工作动员会、每月一次的工作沟通协调会、年中工作总结会、年终总结会等项目进度协调会。同时，由领导及技术小组成员组成服务主体，不定期针对生产过程中的关键环节开展调研监督，领导小组成员重点对示范区方案实施情况、资金使用情况、档案及台账建立情况、示范区及相关人员守法守规等情况开展督查，发现问题及时提出整改意见。技术小组成员在技术服务的同时，对示范区及示范户标准化技术实施情况进行监督，及时纠正不符合要求的各类农事操作，加强标准化宣贯（图 3-22）。

图 3-22 技术小组成员开展技术服务

（五）示范效果

1. 社会效果

通过开展小站稻栽培标准化示范区建设，使宝坻、宁河及津南等小站稻主产区稻农标准化意识明显提高，区域内标准化意识和小站稻标准化生产模式已经形成，并可为在相同生态区推广该模式提供成功案例，促进了区域水稻的高质量发展。

通过项目带动及相关培训的开展，在天津市建立了一支涵盖市区两级、专业配置合理的小站稻标准化人才队伍，其中主要技术人员均从事农业标准化工作10年以上，理论经验和实践经验丰富，有利于天津小站稻产业的健康发展。

通过项目实施，绿色防控技术大面积推广，示范区化学投入品平均减少30%以上，稻米品质显著提升，市场占有率逐步提高，天津小站稻产品在国内外市场上具有了更强的竞争力。

2. 经济效果

通过国家小站稻栽培标准化示范区建设，示范区人均收入增加超过14%，小站稻商品化率达到100%，质量合格率达到100%，核心示范区农业标准化率达到100%，辐射区达到85%以上，投入产出比达到1∶2.2。实现了农民增收、市场整体效益增长的良好局面。

2020—2022年，国家小站稻栽培标准化示范区包含31 200 m^{2}基质育秧示范区和1万亩栽培示范区及10万亩辐射区。基质育秧标准化示范区及辐射带动区共提供基质秧苗105万盘，每盘基质秧苗可收入1.5元，3年秧苗收入157.5万元。建成天津小站稻绿色标准化示范区1万亩，平均亩产723 kg，优质小站稻比普通稻谷可增加收入0.2元/kg，3年累计可增收831万元。应用新技术每亩成本约增加72元，累计增加成本82.8万元，扣除成本，栽培标准化示范区累计新增纯收入748.2万元。

3年累计建设辐射带动绿色技术示范区10.85万亩，平均亩产698 kg，总产稻谷7 573.3万kg，优质小站稻比普通稻谷可增加收入0.2元/kg，累计增值1 514.66万元。示范区采用新技术每亩增加成本约65元，累计增加成本705.25万元。带动区新增纯收入809.41万元。

项目实施区新增纯收入等于育秧示范区、栽培示范区、带动区纯收入之和，为1 557.61万元，示范区每亩均增加收入129.8元。

3. 生态效果

2020—2022年，通过开展国家小站稻栽培标准化示范区建设，采用基质育秧技术，可节约优质表土1.5万m^3；采用化肥减量增效技术，每亩追肥量由

25 kg～30 kg降低至 20 kg，每亩减少追肥 20％以上；采用统防统治技术，减少农药施用量 30％以上；示范区生态效益明显向好，对促进天津小站稻绿色高质量发展意义重大。

图书在版编目（CIP）数据

小站稻标准化生产技术 / 王红军，郭云峰，郑爱军主编．—北京：中国农业出版社，2023.3

ISBN 978-7-109-30562-5

Ⅰ.①小… Ⅱ.①王… ②郭… ③郑… Ⅲ.①水稻栽培—标准化 Ⅳ.①S511-65

中国国家版本馆 CIP 数据核字（2023）第 056232 号

中国农业出版社出版

地址：北京市朝阳区麦子店街 18 号楼

邮编：100125

责任编辑：廖　宁　冯英华

版式设计：王　晨　　责任校对：吴丽婷

印刷：中农印务有限公司

版次：2023 年 3 月第 1 版

印次：2023 年 3 月北京第 1 次印刷

发行：新华书店北京发行所

开本：880mm×1230mm　1/32

印张：3.25

字数：70 千字

定价：28.00 元

版权所有・侵权必究

凡购买本社图书，如有印装质量问题，我社负责调换。

服务电话：010-59195115　010-59194918